本书系浙江省哲学社会科学重点培育研究基地
——浙江师范大学教育改革与发展研究院的基地成果，
受浙江师范大学出版基金资助。

非传统学术

高校网络文化成果评价的理论与实践研究

刘爱生　邹紫凡◎著

Non-Traditional Scholarship

A Theoretical and Practical Study on the Evaluation of
Network Cultural Achievements in the University

ZHEJIANG UNIVERSITY PRESS
浙江大学出版社
·杭州·

图书在版编目(CIP)数据

非传统学术:高校网络文化成果评价的理论与实践
研究 / 刘爱生,邹紫凡著. —杭州:浙江大学出版社,
2024.5
ISBN 978-7-308-24663-7

Ⅰ.①非… Ⅱ.①刘…②邹… Ⅲ.①高等学校—网
络文化—评价—研究—中国 Ⅳ.①TP393-05

中国国家版本馆 CIP 数据核字(2024)第 036780 号

非传统学术:高校网络文化成果评价的理论与实践研究
刘爱生　邹紫凡　著

责任编辑	陈思佳(chensijia_ruc@163.com)
责任校对	宁　檬
封面设计	雷建军
出版发行	浙江大学出版社
	(杭州市天目山路 148 号　邮政编码 310007)
	(网址:http://www.zjupress.com)
排　版	浙江大千时代文化传媒有限公司
印　刷	广东虎彩云印刷有限公司绍兴分公司
开　本	710mm×1000mm　1/16
印　张	18.25
字　数	245 千
版 印 次	2024 年 5 月第 1 版　2024 年 5 月第 1 次印刷
书　号	ISBN 978-7-308-24663-7
定　价	88.00 元

目 录

第一章 绪 论

在"互联网＋"和"加强和改进新形势下高校宣传思想工作"的双重背景下,网络文化成果作为一种新兴的事物,逐步呈现在广大高校教师面前。2017年,浙江大学出台了一条极具新意的规定,其核心内容是:高校优秀网络文化成果根据其传播平台和社会影响力的不同,可等同于权威期刊论文、核心期刊论文等。这一新规立即引爆网络舆论:赞同者有之,批判者有之;忧虑者有之,期盼者有之。如此"热闹的景象",不禁促使我们思考和探讨网络文化成果这一新鲜事物。

第一节 研究的缘起

我们的思考主要基于以下三个着力点:第一,我国每年发表那么多学术论文,意义与价值何在? 或者说,大学教师有没有必要发表那么多学术论文? 第二,假如没有必要发表如此多的学术论文,那么在当前"破五唯"的背景下,大学教师有没有必要另辟蹊径,从学术期刊转向网络媒体,从主要限于与同行交流转向为公众发声? 第三,在数字化时代,网络文化成果究竟为何物,高校教师有没有必要予以高度重视？又该如何拥抱这一新鲜事物？

一、许多学术论文没有存在的必要

中国无疑是一个"论文生产"超级大国。暂且不论发表在各类中文期刊上的学术论文，2018 年中国学者仅仅发表在 SCI 收录期刊的论文总数就高达 39 万余篇[①]；另外，发表在 SSCI 收录期刊论文也不是一个小数目，超过 2.5 万篇[②]。而且，随着中国高校招聘教师和研究生数量的不断增多，论文发表的数量一年多过一年，犹如大爆炸之后不断膨胀的宇宙！我们不禁要问：这个社会需要这么多论文吗？这些论文都是有价值的吗？

我相信大部分人的答案是否定的！因为里面太多的论文是"学术垃圾""学术噪声"和"学术泡沫"。许多打着学术名义的期刊也是所谓"黑心期刊""掠夺期刊"或"垃圾期刊"，它们存在的目的主要是赚钱。即便很多论文不是"垃圾"，或多或少有一些个人见解，但大多属于一种"1→1.1"式的论文。这些论文多为某个外国理论的中国运用，或者是某些理论的诠释，本质上仍属于低水平的平庸之作。可以毫不夸张地说，这种论文多一篇少一篇完全无伤大雅！对此现象，中国工程院院士钟世镇就毫不客气地批评道：发在 SCI 上的中国论文，85％都是垃圾。[③] 同样，中国科学院院士施一公也曾炮轰中国论文，认为"垃圾论文太多了""纯粹为了发文而发文"。[④]

---

① LetPub. 2018 年中国高校发表 SCI 论文综合排名报告[EB/OL]. (2018-08-12)[2019-11-24]. http://www.letpub.com.cn/index.php? page=university_rank_2018.

② 孙颉. 2018 年中国 SSCI 发文情况［EB/OL］. (2019-01-25)[2021-10-05]. http://blog.sciencenet.cn/home.php? mod=space&uid=2724438&do=blog&id=1158987.

③ 陈红艳. 工程院院士：中国发在 SCI 上论文 85％都是垃圾[EB/OL]. (2012-09-07)[2021-10-05]. https://news.qq.com/a/20120907/000048.htm.

④ 张盖伦. 垃圾论文太多了！施一公炮轰科技评价体系[EB/OL]. (2018-03-11)[2021-10-05]. http://www.sohu.com/a/225303960_267160.

　　其实,这个问题不仅存在于国内,同样存在于国外,可以说是一个世界性的问题。丹麦著名记者夏洛特·佩尔森(Charlotte Persson)等人 2017 年撰写了一篇名为《基础研究中的危机:科学家发表了太多论文》("Crisis in basic research:Scientists publish too much")的文章。他们在文中指出,纵观全球学术界,科学论文发表的数量呈不断增长的态势。对一个学者而言,论文发表的数量多多益善,它们不仅是获得优质工作的入场券,而且是斩获科研基金、成为研究生导师的敲门砖,因为科研基金往往是依据大学教师的论文发表情况而拨付的。但是,这一取向带来的一个严重问题是:越来越多的大学教师在论文发表中追求数量,相对忽视质量。为了尽可能增加个人发表的数量,不少学者会把某一研究的完整结果,拆分成几篇不同的短文章进行发表,即所谓的"意大利式香肠科学"(salami science)。此外,为了更多更快地发表,大学教师可能会不惜改变自己长久以来专注的研究方向,转向那些容易出成果、很快就能发文章的领域。这种做法所导致的负面后果是:大学科研质量下降,其他研究人员需要花费更多的时间阅读、筛选相关领域的参考文献。哥本哈根大学(University of Copenhagen)的教授克劳斯·弗雷泽克里森(Claus Frederiksen)就指出:"当前相当大一部分已经发表的论文完全没有存在的意义,因为它们没有贡献新的学术观点。这些论文不仅质量很差,而且索然寡味,几乎无人阅读。"[①]

　　同样,国际知名比较教育学者菲利普·阿特巴赫(Philip Altbach)于 2018 年发表了一篇文章,《太多的学术研究被发表》("Too much academic research is being published")。他在文中指出,当前学术界

---

　　① Charlotte P P, Johanne U K. Crisis in basic research:Scientists publish too much[EB/OL]. (2017-02-13)[2021-10-06]. https://sciencenordic. com/academia-basic-research-basic-research-crisis/crisis-in-basic-research-scientists-publish-too-much/1442296.

面临着巨大的张力:一方面,学术论文发表的数量呈爆炸性增长的态势;另一方面,学术界面临着巨大的发表压力,不少学者辛苦写出来的论文面临着无处可发的境地。背后的原因很多,主要包括:(1)高等教育的大众化乃至普及化和世界(全国)排名的兴起;(2)组织社会学的制度同形理论,即大部分二流、三流高校模仿顶尖大学,把科学研究作为优化学术声誉的法宝;(3)越来越多的高校开始打破以往只要求撰写博士毕业论文的惯例,开始要求博士生在学术杂志上发表论文,以作为其获得博士学位的先决条件。巨大的论文发表压力催生了各种意想不到的问题,包括论文投稿评审系统的瘫痪①(因为投稿的论文太多了)、以赚钱为目的的"掠夺性刊物"(predatory journal)的疯狂增加、重科研轻教学的取向,等等。在阿特巴赫看来,大部分论文没有存在的意义。因为在高等教育普及化系统中,只有极小一部分大学属于塔尖的研究密集型大学,大部分大学属于偏重教学或应用的大学。后者应明晰自身的定位,不应盲目追求科学研究和论文发表,而应大力提升教学质量和社会服务水平。更何况按照欧内斯特·博耶(Ernest Boyer)(后面章节我还会着重提到他)的多元学术观,学术是多元的,不能狭隘地将其理解成论文发表。

既然学术界没有必要发表那么多论文,那么为何还是有那么多教师前赴后继?其实,国外学者已经道出一些核心的原因。这里基于中国具体的情况再略谈几点。

第一,中国大学向上漂移的强烈冲劲。当前,国内的一流大学多以追赶世界一流大学为办学目标,国内的二流大学又多以国内一流大学为追赶对象。最近国内实施的"双一流"建设计划,则进一步加大了这股向上漂移的动力。如何向上漂移?最直接、最有效的手段就是发

---

① 阿特巴赫在其文中指出,《高等教育评论》(*The Review of Higher Education*)(一份备受业内尊敬的学术杂志)于2018年初宣布暂停接受投稿,因为积压等待外审或出版的论文太多。

表学术论文,尤其是在高水平期刊上发表,因为无论在哪种大学排名评价体系中,论文发表都占据着核心的位置。

第二,中国大学"工分制"的绩效管理模式。在我国大部分大学的激励管理中,管理者的人性假设是"经济人"。大学教师的工作量,无论是教学工作量,还是论文发表与课题项目,往往都换算成"工分",并以此确定薪酬待遇。[①]　中国许多大学会根据论文发表刊物的级别或影响因子,赋予作者不同的金钱奖励;教师发表论文的篇数越多,级别越高,科研奖励金额就越高,甚至数倍于基础薪资。

第三,中国大学内部一种要求"人人发表"的学术文化。在中国,无论是哪一种类型的高校,上至处于塔尖的北京大学、清华大学,下至普通的职业技术院校,教师大多被要求发表论文,只是具体的刊物要求存在差异;无论是哪一种类型的人员,从高校辅导员到普通行政人员,甚至学校后勤编制人员,他们在晋升或提拔时通常都要求有论文公开发表。中国高校内部存在学术等级系统与"学术锦标赛",无形中进一步增加了大学教师论文发表的压力。[②]　此外,中国庞大数量的博士生、硕士生大多有发表论文的刚性需求(无论是出于满足学校的拿到毕业证书的条件,还是基于自身学校内部的评优、评奖或毕业之后求职的需求)。更为糟糕的是,这种发表论文的风气日益弥漫到本科生群体之中。在我国许多高校,本科生在校期间如果在公开刊物上有论文发表,往往能获得一系列优待,包括但不限于入党、保研、考研、评优评奖等。[③]

过于追求论文发表的数量,除了带来常见的数量与质量不成正比

---

① 邬大光. 走出"工分制"管理模式下的质量保障[J]. 大学教育科学,2019(2):4-7.

② 阎光才. 学术等级系统与锦标赛制[J]. 北京大学教育评论,2012(3):8-23,187.

③ PaperQuery. 大学生发表论文有什么好处[EB/OL]. (2019-07-16)[2021-10-06]. http://baijiahao. baidu. com/s? id=1639205848893942176&wfr=spider&for=pc.

(论文质量下降)、教学与科研严重失衡等常见的问题外,中国大学的以下几个负面影响表现得尤为明显。

第一,大学青年教师(包括博士生)身心健康堪忧。在中国,青年教师是科研的绝对主力军。然而,在目前的评价体系下,他们普遍面临着巨大的科研压力,尤其在部分已实行"非升即走"制的"双一流"大学。许多大学教师是没有正常上下班概念的,而永远在漫漫的科研路上。长期超负荷运转直接损害了他们的身心健康,一些优秀的大学教师甚至英年早逝,令人不胜唏嘘。①

第二,学术不端、学术造假行为屡见不鲜。我们几乎隔三岔五就可以在媒体上看到类似的报道:学者因被发现学术不端或造假行为,一些论文被学术出版集团或学术期刊社撤稿。学术不端为何如此之频繁?显然,这跟学术评价机制过于强调论文发表数量的导向以及与之紧密相关的各种名利相关。

第三,学术论文缺乏足够的现实解释力。这一点往往为我们学者所忽视。为了尽可能多地发表学术论文,尤其是在国外高水平期刊上发文,国内学者往往会迎合杂志的风格和评审专家的取向。在国外,量化研究方法占据主流,这造成国内许多学者用各种数学模型和外国的理论分析中国问题,似乎如此方能显示出理论上的创新性和深刻性,更容易在国外发表论文。这种论文虽然显得"高大上",符合学术杂志和评审专家的趣味,却使得科学研究日益成为一款游戏,沦为一种"精致的平庸",忽视了真实世界原本的样子。北京大学教授苏力就指出:"(大学教师)喜欢简化变量,喜欢按照逻辑或模型分析,而社会

---

① 麦可思研究.痛心!一周内两名30多岁高校教师猝死!还有多少老师在透支自己?[EB/OL].(2018-11-13)[2021-10-07].http://dy.163.com/v2/article/detail/E0H042KL05218435.html.

生活强调的是细节,是周到。"①清华大学副教授刘瑜对于这样的学术研究就挖苦道:"大部分美式社科学问的特点是:精致的平庸。(相比之下,中国社科学问到目前还大部分停留在'不精致的平庸'这个水平)……只要我用数个复杂的模型作为论证方法,哪怕我的结论是'人渴了就想喝水'这样的废话,也会有很多杂志愿意发我的文章。"②

第四,大学教师常常忽视社会现实问题。科学研究的最终目的是追求真理,造福人类,但我们在论文发表过程中,往往强调杂志的影响因子,而忽略了对社会现实问题的关照。例如,在我国,每年台风都会对沿海城市的绿化造成不同程度的破坏。2016年9月15日,第14号超强台风"莫兰蒂"就让厦门短时间内损失了35万棵树。我们以一棵树1000元计,保守估计损失3.5亿元。绿化被破坏之后,自然需要重新种植,从而陷入"种了毁,毁了再种,再种再毁"的恶性循环之中。然而,结合国外一些城市的绿化经验,可以发现,只要我们投入一部分时间与精力用于城市林业与城市生态基础研究,就完全能够打破这种恶性循环。然而,在我国,大部分学者不会从事诸如此类能够解决社会现实问题的研究。背后的原因何在?对此,清华大学副教授杨军指出:"原因很简单,这方面的研究发不了SCI,更不用提 *Nature*、*Science* 和 *PANS* 等高影响刊物……从事相关研究的人员要么转向细胞分子,要么分析气候变化、全球变化的影响,尽量向'高大上'的方向靠拢,结果是SCI文章发了许多,但城市生态建设实践的问题却是越来越多。"③

① 波斯纳.公共知识分子——衰落之研究[M].徐昕,译.北京:中国政法大学出版社,2002:总译序5.

② 刘瑜.学术圈里的"精致平庸"[EB/OL].(2017-09-24)[2021-10-07].http://www.sohu.com/a/194232131_176673.

③ 杨军.中国太需要"接地气"的研究[EB/OL].(2016-09-20)[2021-10-08].http://china.caixin.com/2016-09-20/100989977.html.

二、大学教师在公共事务上的失声

如前所述,目前大学教师普遍离公众生活较远,发表的绝大多数论文并没有对当下公共政策的讨论和制定产生实质性影响。甚至在学术界,不少论文在发表之后,也鲜有人阅读与引用。根据某机构2018 年的统计,全球每年发表的经过同行评议的学术论文超过 150 万篇,但在人文科学领域,高达 82% 的论文引用率为 0,这个数字在社会科学领域为 32%,自然科学领域为 27%。[①] 为何发表出来的学术论文难以对公共重大政策的制定产生影响? 一方面,普通大众、政府官员和一线从业人员很难获取到那些被出版商垄断的资源库,即便他们能够获得,论文中大量难以理解的专业术语和动辄上万字的篇幅,足以消弭他们的阅读兴趣。另一方面,在"非升即走"的压力下,大多数大学教师只凭兴趣专注于个人的研究领域,对社会上发生的形形色色的事件与议题缺乏足够的敏感度。即便一些大学教师关注社会热点问题,且提出了充满智慧的专业见解,但受个人研究偏好的影响,这些解读往往面向的是同行,更强调方法论和理论的创新,这导致其思想很难完全被普通公众理解。

在这种情景下,社会公众不断要求大学教师走出象牙塔,充分利用公共媒体发出公众听得明白的声音,并同政府官员和一线从业人员进行深度合作与互动,以解决社会现实问题。何况很多科学研究受到公共财政的资助,大学教师有责任把其研究成果介绍给社会公众。此外,大学不仅是一个教书育人的机构、知识生产的中心,而且还是引领社会进步的灯塔、坚守社会良心的堡垒。相应地,高校教师有别于普

---

① Biswas A K, Kirchherr J. Prof, no one is reading you[EB/OL]. (2019-04-11)[2021-10-08]. http://www. straitstimes. com/opinion/ prof-no-one-is-reading-you.

通的知识工作者,"集教育者、研究者和知识分子三种社会角色于一身"①。既然是一名知识分子(准确一点地讲,是公共知识分子),大学教师理所当然就需要对社会中出现的各种问题,展现出深刻的理性批判思维和强烈的公共关怀精神,而不能置身于象牙塔内对人间冷暖不闻不问。对此,美国加州大学校长珍妮特·纳波利塔诺(Janet Napolitano)指出,大学教师承担着公共知识分子的职责,不能只待在图书馆或实验室,也不能满足于在某科学领域开展深入研究、向圈内同行分享发现,以及指导研究生开展研究。相反,大学教师还要走近社会大众,确保他们的真知灼见与研究成果被公众看见、理解和信服。②

即便大学教师意识到在网络公共媒体发声、参与社会事务的重要性,遗憾的是,目前根深蒂固的学术评价机制却不鼓励这样做。因为在主流学术杂志发表论文仍是考核和评价大学教师的关键指标。鉴于此,越来越多的学者开始呼吁高校和科研院所将学者创作的网络文化作品纳入教师的科研评价体系,从而激励更多的学者为社会服务。美国社会学家艾米·斯嘉丽(Amy Schalet)就指出,高校教师在社交媒体和公共传播中付出的时间与精力,通常能让整个社会获益,这是普通的学术论文难以实现的。然而,依照现行主导的教师评价机制,这些努力与贡献却无足轻重。这显然不合情理,高校教师和高校决策者需要坐下来,共同讨论教师参与公共传播在终身教职与晋升中的权重。③ 回过头来看浙江大学的网络文化成果认定实施办法的新规,其意义正在于此:努力突破当前的学术评价体系,减少没有意义与价值

① 张应强. 大学教师的社会角色及责任与使命[J]. 清华大学教育研究,2009(1):8-16.

② Napolitano J. Why more scientist are needed in the public square[EB/OL]. (2015-10-13) [2021-10-09]. https://theconversation.com/why-more-scientists-are-needed-in-the-public-square-46451.

③ Schalet A. Should Writing for the Public Count toward Tenure[EB/OL]. (2016-08-19) [2021-10-10]. https://theconversation.com/should-writing-for-the-public-count-toward-tenure-63983.

的学术论文写作；同时，鼓励更多的大学教师为普通公众创作，以彰显科学研究的社会功用。

三、网络文化成果没有引起足够的重视

我们认为，浙江大学的做法——把网络文化成果纳入学校科研成果统计、各类晋升评聘和评奖评优范围，是未来学术评价改革的方向之一。但多少出乎人的意料，这则改变学术评价体系的新规一经颁布，立即引来学术界内外的热议。赞成者认为，这一新规有利于发挥高校的文化引领责任，对一个学者的评价，除了坚持学术标准外，确实应该考虑其社会影响力。[①] 其实，并不只是浙江大学出台了如此规定，诸如吉林大学等国内一流高校早些时候也实施了类似的规定。然而，这则新规引发的质疑声似乎更大。从质疑的内容来看，大致可归纳为三点。一是对网络文化成果纳入学术评价体系合法性的质疑，认为网络文化成果在价值上无法等同于论文或专著。二是对网络文化成果后续影响的怀疑：有些人认为网络文化成果纳入学术评价体系会毁了真正的学术，到时难免制造一些没有学术水平、哗众取宠的"网红"教授。三是对网络文化成果认定实施办法的疑虑：不少人对网络文化成果质量评价标准为点击量、评价主体由学校宣传部来选定，表示较强的担忧。[②]

总体上，我们对浙江大学的新规是持赞成态度的，除了对其中一些具体的实施细节持保留意见。我们常常扪心自问：绞尽脑汁写出来的论文，除了满足学校的考核要求和提供自身晋升等功利性价值之外，到底对学术界有什么用？对这个社会有什么实际价值？可以肯定

[①] 姜澎.优秀学术应更好引领社会文化[N].文汇报,2017-09-19(7).
[②] 陈东升.建议对浙大新规作合法性审查[N].法制日报,2017-09-21(7).

地说,除了少部分具有深刻洞察力的研究成果外,大部分学术论文,不论是人文社会科学领域,还是自然科学领域,都是为了发表而发表,并没有多大的学术价值与社会意义,故而没有存在的必要。其中的部分原因,跟我们创作的论文水准紧密相关。不得不承认,许多大学教师做研究习惯于待在实验室或图书馆,脱离社会生活,不谙世事,不接地气,缺乏对社会事实的直接感受。显然,这种带有自娱自乐性质的研究成果无法帮助我们真正理解这个世界,更不用说帮助我们解决社会现实问题。

但更大的原因恐怕在于大学教师心中没有为公众留一点空间,很少考虑其研究的社会影响。花费一定的时间和精力为社会公众创作网络文化成果,无论是普及科学知识,还是解读社会热点,都是大学教师关心社会、参与公共生活的体现,可以彰显大学教师公共知识分子的角色。事实上,随着社交媒体的不断兴起,高校教师发挥个人才华的舞台得到了极大的拓展。此外,由于网络空间是一个思想观点激烈碰撞的场域,高校教师如果置身事外,不主动参与,将自己排除在公共生活的讨论之外,其他各类形形色色的人员(如新闻记者、技术官僚、各种意见领袖、"网红"明星等)自然会乘虚而入、活跃其间,甚至会抢夺网络空间的话语权——而由后者控制网络空间话语权的结果需要引起我们的警惕。因为后者或基于商业营利的目的,或出于个人的政治野心,甚至出于扰乱社会民心的动机(他们可能被敌对分子收买),并不能保证公共传播的客观性和准确性;相对而言,高校教师受过长期系统的专业训练,在描述和解读社会问题或科学新发现时,往往能提供一种更为客观、深刻和全面的视野,从而更有利于提升社会公众的认知和思维水平。华东师范大学教授许纪霖就指出,大学教师作为公共知识分子,有一个独特的优势,即可以基于个人的专业角度,内行地、深入地为普通公众分析社会问题症结之所在,以及应该采取怎样的立场。①

然而，当下大学教师日益远离公共知识分子的职责，大部分时间只与学术同行交流，专注于发表论文和出版专著。相较之下，无论是国内还是国外，那些愿意且持续为社会公众创作的高校教师可谓凤毛麟角。我们稍微注意，就可以发现，当某一突发的或紧迫的公共事件发生时，解读它的、广泛流传的网络作品极少是出自大学教师之手；也可以发现，在网络上广泛传播的各种似是而非的伪科学知识或市场上充斥着的各种打着科学幌子的"高科技产品"，很多都是由充满社会正义感的打假人士或受害者亲自出面揭露，很少是由象牙塔内的大学教师出面指正。难道是我们的大学教师缺乏专业的解读能力吗？显然不是。大学教师再怎么不济，多年的学术训练仍足以保证其分析见解在大部分情况下比一般的社会媒体人士要高明、要准确。那么，为何绝大部分大学教师保持沉默？这背后的一个重要原因，无疑跟当前的学术评价体系和学术文化观念紧密相关（我在后文还会详细地谈到）。依照当前的学术评价体系，在同行评议的杂志发表论文（期刊的级别越高越好，影响因子越高越好）、在鼎鼎有名的出版社出版专著，才是教师评价的关键指标。

既然网络文化成果在教师评价体系中无足轻重，那么在个人时间与精力非常有限的情况下，绝大多数高校教师自然缺乏创作的意愿与动力。毕竟，创作网络文化作品将耗费大学教师不少时间和精力，而这些时间本来可用于个人的教学、科研、咨询和闲暇。更何况，要让普通民众也能明白和理解深奥的学术思想，并非一件易事。"它不仅要求作者本人对其专业的知识有一个深刻透彻的了解，而且要求作者有

---

① 许纪霖.公共性与公共知识分子[M].南京：江苏人民出版社，2003：62.

深厚的文字功底。"①拉塞尔·雅各比（Russel Jacoby）对此就指出,高校教师不愿意面对社会公众,不再追求深入浅出或文笔优美的写作,倒不是因为他们对此嗤之以鼻,而是因为在公共媒体上发表文章几乎不算数。此外,在追求发表的压力下,他们需要迎合杂志的风格和评审专家的口味,哪怕学术论著已经变得不堪卒读。②

第二节 研究的价值

第一,深化对于网络文化成果纳入学术评价体系的理论认识。当前,有关网络文化成果纳入学术评价体系的规定更多的是来自上级教育部门、学校行政部门的"颁布"与"指示",而非来自大学教师的内心认同与自觉追求。网络文化成果究竟是何物? 网络文化成果跟传统的论文有何区别? 网络文化成果有何价值? 网络文化成果何以能够纳入学术评价体系? 网络文化成果能否消除当下学术论著评价所带来的弊端? 诸如此类的问题,目前都缺乏足够的研究。显然,这些问题不解决,不利于大学教师正确认识网络文化成果的价值,不利于从思想层面上推进网络文化成果纳入学术评价体系。

第二,为我国高校有效推进网络文化成果纳入学术评价提供对策建议。如前所述,2015 年 10 月,中宣部和教育部提出"要积极探索建立优秀网络文章在科研成果统计、职务职称评聘方面的认定机制"。2019 年 11 月,人力资源社会保障部、中国社会科学院等提出"推行等

---

① Boyer E L. Scholarship reconsidered：The priorities of professoriate[R]. New York：The Carnegie Foundation for the Advance of Teaching，1990：18.

② 雅各比.最后的知识分子[M].洪洁,译.南京：江苏人民出版社,2002：12-13.

效评价机制,发表于中央主要媒体并产生重要影响的理论文章……在职称评审中与高质量的学术论文、著作具有同等效力"。在这种大环境下,诸如吉林大学、浙江大学等国内高校率先尝试把网络文化成果纳入学术评价体系。但在此过程中,尚有一系列问题需要回答:大学教师对网络文化成果的认知与态度如何?大学教师网络文化成果创作意愿如何,又受到哪些因素影响?在实施过程中碰到哪些阻力与挑战?如何予以完善?本书将努力探索这些问题,以为我国高校有效推进网络文化成果纳入学术评价体系提供建议。

第三,为我国高校破除"唯论文"提供另一种思路。2018年10月,科技部、教育部、人力资源社会保障部等部门联合发文,要求开展清理"唯论文、唯职称、唯学历、唯奖项"(后来又增加了"唯帽子")专项运动,改进人才评价制度。显然,破"唯论文"是核心,因为"唯论文"很大程度上是其他"四唯"的基础。那么,如何破除"唯论文"的束缚?显然,这是一个全局性的问题,需要改革的地方太多太多,这当中就包括大学办学使命的重新定位、学术评价体系的改进、大学教师薪酬体系的调整等。单就学术评价体系而言,不同学者提出了不同的见解,如推行代表作评价制度、设置教学型教授岗、设置成果转化型教授岗等。这些建议无疑都具有重要价值,其背后的核心理念是人才评价方式的多元化。作为一种有益的补充,推动网络文化成果纳入学术评价体系,显然也可以有效破除"唯论文"的束缚。毕竟,并不是所有的高校教师都喜欢且擅长于写作八股式论文。更何况,当前大量的学术论文,特别是那些纯粹为了职称晋升、评优评奖、升学等而炮制的论文,并没有多大理论意义与现实价值。

第三节 核心概念界定

一、网络文化成果

本书的研究对象——网络文化成果(简称"网文"),对于相当一部分大学教师而言,还是相对比较陌生的(本书的写作时间始于 2018 年),因而有必要首先对其做一番界定。在本书中,"网文"具体指"在报刊、电视、互联网上刊发或播报的,被广泛传播的优秀原创文章、影音、动漫等作品"。

"网文"最早源于 2015 年 1 月中共中央办公厅、国务院办公厅印发《关于进一步加强和改进新形势下高校宣传思想工作的意见》。其提出:"探索建立优秀网络文章在科研成果统计、职务职称评聘方面的认定机制,着力培育一批导向正确、影响力广的网络名师。"[①]

2015 年 10 月,中共中央宣传部和教育部党组联合印发的《关于加强和改进高校宣传思想工作队伍建设的意见》提出,"要积极探索建立优秀网络文章在科研成果统计、职务职称评聘方面的认定机制,不断形成吸引优秀人才参与网络文化建设的政策导向"[②]。

2016 年 12 月 7—8 日在北京召开的全国高校思想政治工作会议进一步提出,要探索将优秀网络文化成果纳入学校科研成果统计、各

[①] 中共中央办公厅,国务院办公厅. 关于进一步加强和改进新形势下高校宣传思想工作的意见[EB/OL]. (2015-01-19)[2021-11-26]. http://www. gov. cn/xinwen/2015/01/19/content_2806397. htm.

[②] 中共中央宣传部,教育部党组. 关于加强和改进高校宣传思想工作队伍建设的意见[EB/OL]. (2020-05-06)[2021-01-03]. http://www. jyb. cn/info/jyzck/201510/t20151013_639606. html.

类职务职称评聘和评奖评优范围,增强高校教师通过网络发声为社会服务的意愿。①

2017 年 12 月,教育部党组印发了《高校思想政治工作质量提升工程实施纲要》,指出高校应构建网络育人质量提升体系,不断丰富网络内容,强化网络队伍,净化网络空间,优化成果评价,引导师生积极创作网络文化产品。②

2019 年 11 月,人力资源社会保障部、中国社会科学院等部门联合发布《关于深化哲学社会科学研究人员职称制度改革的指导意见》,提出"推行等效评价机制,发表于中央主要媒体并产生重要影响的理论文章……在职称评审中与高质量的学术论文、著作具有同等效力"③。这在某种程度上也是对"网文"的认可。

2020 年 4 月,教育部等八部门联合发布《关于加快构建高校思想政治工作体系的意见》,不仅对网络育人的平台建设提出了具体的要求,而且提出要引导和扶持师生积极创作导向正确、内容生动、形式多样的网络文化产品,建设高校网络文化研究评价中心,推动将优秀网络文化成果纳入科研成果评价统计。④

为了落实中共中央精神,陆续有高校出台了相关规定。2017 年 8月,吉林大学颁布了《吉林大学网络舆情类成果认定办法(试行)》,率

---

① 教育部.中共教育部党组关于印发《高校思想政治工作质量提升工程实施纲要》的通知[EB/OL].(2017-12-05)[2020-10-10].http://www.moe.gov.cn/srcsite/A12/s7060/201712/t20171206_320698.html.

② 教育部党组.中共教育部党组关于印发《高校思想政治工作质量提升工程实施纲要》的通知[EB/OL].(2017-12-06)[2021-10-05].http://www.moe.gov.cn/srcsite/A12/s7060/201712/t20171206_320698.html.

③ 人力资源社会保障部,中国社会科学院.关于深化哲学社会科学研究人员职称制度改革的指导意见[EB/OL].(2020-05-06)[2020-10-10].http://www.mohrss.gov.cn/gkml/zcfg/gfxwj/201910/t20191028_337859.html.

④ 教育部,等.教育部等八部门关于加快构建高校思想政治工作体系的意见[EB/OL].(2020-04-22)[2021-10-05].http://www.moe.gov.cn/srcsite/A12/moe_1407/s253/202005/t20200511_452697.html.

先提出将"优秀网络文章和网络舆情信息稿件"纳入学术评价体系。[①]
2017 年 9 月,浙江大学颁布的《浙江大学优秀网络文化成果认定实施办法(试行)》则进一步使"网文"进入社会公众和大学教师的视线。当时,围绕着"网文"的争议与批判此起彼伏,不绝于耳。此后,南京大学、西北工业大学、闽南师范大学、浙江师范大学等高校结合自身的情况,制定了"网文"的认定与实施办法。

根据浙江大学对"网文"的界定,可以发现,"网文"具有两大特征:(1)"网文"的载体不只限于互联网,还可以是报刊、电视,但无论如何最终都要在网络上广泛传播;(2)"网文"不只限于优秀原创文章,而且还包括影音、动漫等作品。后一点尤其重要,因为浙江大学的认定实施办法虽然涵盖了三者,但在具体的实施条文中,似乎只关注原创文章,压根就忽视了对影音、动漫等作品的认定。诚然,大部分教师可能更熟悉文字工作,但在各种视听网站兴起的大背景下,如抖音、快手等,大学教师创作的影音、动漫等作品可能会有更大的网络传播和社会影响。更何况有些内容,尤其是一些科学知识、健康卫生知识,更适合以后者作为载体进行传播。这意味着我们在评价时,绝不能轻视后者的社会价值。

"网文"是一个富有特色的中文词语,但并不表示它不存在于国外学术界。在国外,与"网文"类似的概念包括社交学术(sociable scholarship)[②]、公共学术(public scholarship)[③]、数字学术(digital

---

① 吉林大学.关于印发《吉林大学网络舆情类成果认定办法(试行)的通知》[EB/OL].(2017-08-03)[2021-10-05].http://www.mnw.cn/news/china/1841866.html.

② Pausé C, Russell D. Sociable scholarship:The use of social media in the 21st century academy[J]. Journal of Applied Social Theory, 2016(1):5-25.

③ Ellison J, Eatman T K. Scholarship in public:Knowledge creation and tenure policy in the engaged university[R]. Imagining America, 2008.

scholarship)①、社交媒体学术(social media scholarship)②等。这些概念在侧重点上存在一些差异,但都指向一个方向:随着网络社交媒体的兴起,我们对学术的理解不能太过狭隘;大学教师为公众进行的有价值的创作,尤其是以社交媒体为传播媒介的成果,应被视为一种学术成果而被纳入学术评价体系。

二、学术评价体系

学术评价体系是对科研人员所取得的学术研究成果的创造性、重要性进行科学评价的制度体系,由学术规范管理机制(学术导向功能)、考核评价机制(学术激励功能)以及学术批判机制(学术监督功能)构成。作为一种体系或者说制度化安排,其目的是通过相关组织机构对科研人员或研究机构的学术成果和学术影响等进行价值判断,以检验其理论价值和应用价值。具体而言,学术评价体系包含同行评议制度、匿名评审制度、学术问责制度、学术奖励制度、学术回避制度等。③ 本书着重考虑对"网文"的评议制度和奖励制度:如何科学合理地评价"网文"的价值,"网文"何以能跟论文等效评价? 如何科学合理地把"网文"纳入学术评价体系,包括"网文"的质量标准、实施评价的主体、认定的程序与办法等。

---

① Husain A, Repanshek Z, Singh M, et al. Consensus guidelines for digital scholarship in academic promotion[J]. Western Journal of Emergency Medicine, 2020(4): 883-891.

② Cabrera D, Roy D, Chisolm M S. Social media scholarship and alternative metrics for academic promotion and tenure[J]. Journal of the American College of Radiology, 2018(1): 135-141.

③ 刘国新,王晓杰.学术评价体系的价值选择与制度创新[J].社会科学战线,2020(1):258-260.

第四节 国内外文献综述

一、国外研究现状及趋势

早在 1990 年,博耶在其经典报告《重思学术:教授工作的优先领域》("Scholarship reconsidered:The priorities of professoriate")中第一次提出了多元学术观。他认为,对大学教师的评价不能只强调发现的学术,还应考虑教学的学术、综合的学术和应用的学术;大学教师的公共写作(例如科普作品、社会评论),就属于一种典型的应用的学术,理应被纳入高校的学术评价体系。[①] 可见,虽然博耶提出的公共写作不是最近兴盛起来的"网文",但二者并无实质性的差异,只是知识传播的载体不同而已。

到 21 世纪初,随着网络社交媒体的逐步兴起,越来越多的大学教师开始在互联网上创作、发布、分享和讨论他们感兴趣的内容,并允许所有网民免费阅读、下载、复制、转发、链接和打印。这一全新的情形无意中影响到高校教师的晋升和评聘标准。[②] 2011 年,加拿大学者阿纳托利·格鲁泽(Anatoliy Gruzd)等人正式提出,学术界需要重新考虑网络社交媒体时代高校教师的终身教职与晋升的问题。他们指出,网络社交媒体正在迅速成为高校教师学术生活和专业发展中非常重要且必不可少的一部分,大学管理者应认真考虑如何恰当地把教师在

---

① Boyer E L. Scholarship reconsidered:The priorities of professoriate[R]. New York:The Carnegie Foundation for the Advance of Teaching,1990:16.

② Cabrera D,Vartabedian B S,Spinner R J,et al. More than likes and tweets:Creating social media portfolios for academic promotion and tenure[J]. Journal of Graduate Medical Education,2017(4):421-425.

社交媒体上发表的成果纳入学术评价体系。①

2017 年,美国学者丹尼尔·卡布雷拉(Daniel Cabrera)等人正式提出社交学术、公共学术、社交媒体学术等概念。他们指出,大学教师面向公众的创作,只要是有价值的、负责任的,就应被认作一种学术成果。而且,社交网络促进了免费开放获取资源运动的开展。这项运动的主要特征是:以网络平台为基地,组织结构松散,几乎所有的人都可以加入这个扁平的网络;致力于免费创作、分享和传播知识。社交媒体的开放和民主,以及大学教师无须凭借传统的学术期刊就能够发表和分享知识,将对负责评判研究成果价值的人员构成前所未有的挑战。②

然而,尽管学界一直呼吁,并且一些高校如今已把"网文"纳入教师评价体系,但相关举措并没有激起广大高校教师的创作热情。综合来看,有以下几大阻碍因素。

第一,传统的学术评价机制。当前,高校教师考评的核心仍然是传统的论文与著作,即便一些高校已把"网文"纳入教师职称晋升政策之中,但往往只赋予表面或象征性认可,在实际上仍使用单一的指标来评估学术生产力。③ 正如耶格(Jaeger)等人所指出的那样:"尽管关于公共服务的内容④纳入了学校奖励政策,但大多数教师仍然没有从事这项工作,因为他们不相信最重视研究的评审委员会会遵循这些政策。"⑤

---

① Gruzd A, Staves K, Wilk A. Tenure and promotion in the age of online social media[J]. Proceedings of the Association for Information Science and Technology, 2011(1): 1-9.

② Daniel C, et al. More than likes and tweets: Creating social media portfolios for academic promotion and tenure[J]. Journal of Graduate Medical Education, 2017(4): 421-425.

③ Alperin J P, Schimanski L, Fischman G E. Do universities reward the public dimensions of faculty work? An analysis of review, promotion, and tenure documents[J]. Elife, 2019(8): 1-33.

④ 创作"网文"即属于一种公共服务。

⑤ Jaeger A J, Thornton C H. Fulfilling the public-service mission in higher education: 21st century challenges[J]. Phi Kappa Phi Forum, 2004(4): 34-35.

　　第二,传统的学术文化观念。一些高校行政人员与教师认为,教师的"网文"创作行为,并不是一种严肃的学术行为,无法推进知识的进步。大卫·莱昂纳德(David Lenoard)指出,在许多学者心中,在同行评议期刊发表的论文,才称得上真正的学术,而在社交网络媒体上发表作品纯属不务正业、浪费时间。[①] 在我国,一些学者受到学术中立思想的影响,持一种"只求真理,不问世事"的态度,刻意与公众保持一定的距离,认为没有必要为公众创作"网文"。[②]

　　第三,"网文"本身的特点。"网文"的受众是普通公众,一般要求形式多样、通俗易懂。但是,习惯了专业术语、数学模型的大学教师未必具备创作"网文"的技巧与能力。有研究者就指出,"网文"创作范式与论文写作范式不同,不是所有的大学教师都具备把复杂的学术思想、抽象的理论模型转换成通俗易懂的语言的能力。[③]

　　第四,高校教师的个人因素。一是高校教师的专业会影响其"网文"创作意愿。社会科学、医疗专业、教育以及社会工作方面的教师通常会比物理、化学等理工专业的教师更可能从事"网文"创作。[④] 二是高校教师个人的性格特征也会影响其在社交媒体上的参与度。由于社交媒体发表文章在大多情况下会产生新的受众与监督过程,且学者需要以一种更公开的方式展现出一个专业的自我,而这可能会带有"自我营销"的成分,大多学者并不能接受。一些教师不愿在社交媒体上有过多的暴露,认为社交媒体过多关注个人,而不是作品。[⑤] 三是高

　　① Lenoard D. In defense of public writing[EB/OL]. (2014-11-12)[2021-12-27]. https://chroniclevitae. com/news/797-in-defense-of-public-writing.

　　② 严飞.学问的冒险[M].北京:中信出版社,2017:10.

　　③ Salita J T. Writing for lay audiences:A challenge for scientists[J]. Medical Writing, 2015 (4):183-189.

　　④ Antonio A L. Faculty of color reconsidered:Reassessing contributions to scholarship[J]. Journal of Higher Education,2002(5):582-602.

　　⑤ Barton D, McCulloch S. Negotiating tensions around new forms of academic writing[J]. Discourse, Context & Media, 2018(24):8-15.

校教师有限的时间与精力也会影响其"网文"创作。一些研究者指出，高校教师普遍面临着沉重的教学压力与科研压力，没有多余的时间创作"网文"，甚至担心"网文"纳入学术评价体系会带来额外的考核压力。①

二、国内研究现状及趋势

2015 年 10 月，中宣部和教育部提出要积极探索建立"网文"的认定实施机制，以不断吸引优秀人才参与网络文化建设。自此起，国内陆续有高校（如四川大学、浙江大学）开始把"网文"纳入学术评价体系，相关的研究也逐渐兴起。

2016 年，段洪涛等学者研究了如何将优秀网络作品纳入高校教师的专业技术职务评聘系统。他们指出，优秀网络作品纳入教师评聘体系可以采取三条路径：(1)嵌入式教师专业技术职务评聘系统；(2)独立式教师专业技术职务评聘系统；(3)复合式教师专业技术职务评聘系统。② 同年，郭静舒等人研究了高校的"网文"评价标准。她们指出，高校对"网文"的评价首先涉及哲学根基问题，即评价的主客体问题和价值大小的问题；其次是评价的根本标准，即要坚持马克思主义的指导地位；最后是评价的具体标准，即坚持科学性、创新性、价值性和多样性等。③

2017 年，姚兰等人研究了高校"网文"的评价机制。她们指出，"网文"评价机制的建立，需要遵循先进性、主体性、主导性和互动性的

① Cameron C B, Nair V, Varma M, et al. Does academic blogging enhance promotion and tenure? A survey of US and Canadian medicine and pediatric department Chairs[J]. JMIR medical education，2016(1):1-7.

② 段洪涛，董欢，蒋立峰.优秀网络作品评定及其纳入教师评聘体系的应用研究[J].思想理论教育，2016(1):79-84.

③ 郭静舒，姚兰.新形势下高校网络文化成果评价标准研究[J].理论月刊，2016(12):87-92.

原则,坚持定量细化和定性分析交替主导、渐进性欣赏和跳跃式曲折上升、主观价值判断和客观工具理性齐头并进、政治原则一元和文化多元和谐共存的规律。① 同年,郭静舒等人研究了我国高校"网文"评价的发展历程及策论。她们指出,我国高校"网文"的评价历程包括初始、发展和创新三个阶段;在新的形势下,高校"网文"评价应不断强化阵地意识,掌控网络舆论主导力,提升资源整合意识,强化网络文化承载力,培育多元意识,以及提升网络成果的社会影响力。②

2018 年,张安胜对于如何推动优秀"网文"的评价认证,提出了一些个人的思考。他指出,优秀"网文"的评价认证,需要坚持正确的政治方向、价值取向和学术导向。推动优秀"网文"评价认证是我国高校落实立德树人根本任务的重要体现。在评价标准上,"网文"必须坚持政治性、传播性和学术性相统一。③

2019 年,刘小强等学者指出,在知识转型的背景下,科研成果的形式、评价标准和评价主体等方面需要做出相应的改革。我国部分高校近年来把"网文"纳入学术评价体系,正是顺应这一趋势的改革。④同年,刘淑慧对高校网络文化作品创作生产的引导机制进行了研究。她指出,近年来高校网络文化作品虽然大量涌现,但多是自发性、偶发性的,不仅品质难以保证,而且还缺乏创作生产的激励政策和引导机制。为了改变这一局面,高校需要从强化价值导向、丰富题材类型、培育审美旨趣、完善激励机制以及提供技术支持等方面着手。⑤ 黄仲山在《社会科学报》发文指出,学术评价体系应融入公共传播空间,因为

① 姚兰,郭静舒.新形势下高校网络文化成果评价机制研究[J].湖北社会科学,2017(1):178-182.
② 郭静舒,姚兰.高校网络文化成果评价的发展历程及策论[J].领导科学论坛,2017(19):94-96.
③ 张安胜.推动高校优秀网络文化成果评价认证的思考[J].中国高等教育,2018(22):27-29.
④ 刘小强,蒋喜锋.知识转型、"双一流"建设与高校科研评价改革——从近年来高校网络科研成果认定说起[J].中国高教研究,2019(6):59-64.
⑤ 刘淑慧.高校网络文化作品创作生产的引导机制研究[J].思想理论教育,2019(4):76-80.

网络传播对学术研究所带来的改变不仅在于形式,也在于内容。相应地,也必然会改变学术生产模式和学术评价机制。① 李德福探讨了培育和传播优秀"网文"的路径。他指出,培育和传播优秀"网文"是开展意识形态引领工作的时代需求,是引领大学生成长进步的重要路径,是大学生思想政治工作创新的重要手段。然而,当下的"网文"存在内容吸引力不足、平台影响力不足以及师生线上线下互动不足等问题。这些问题的解决需要高校不断丰富网络文化成果的内涵,加强培育网络名师,构建有效载体,加强线上线下交流。②

2020 年,杜晶波简要论述了优秀"网文"的认定原则。他指出,优秀"网文"的认定原则包括坚持彰显社会主义意识形态影响力、充分发挥文化人功能、展示网络文化的特性和受益群体规模大等。③

2021 年,贺书伟分析了高校"网文"纳入学术评价体系的缘起、困境以及实践理路。他指出,高校"网文"评价的实施动因主要包括:强化国家网络文化软实力的重要手段;推动网络内容发展和治理的有效路径;提升思想政治教育工作质量的重要举措。高校"网文"评价的现实困境包括:对"网文"的内涵与价值认识不足;如何评价"网文"的理论研究缺失;对"网文"认定方面的实践探索欠缺。对于如何推动高校"网文"的评价实施,他提出了以下几点建议:第一,明确"网文"的概念属性;第二,统筹做好"网文"评价的顶层设计工作;第三,制定"网文"评价的指标体系;第四,构建多元主体协同参与的评价程序。④

除了他人的研究之外,我们近年来对于"网文"也做了一些探索。

① 黄仲山.学术评价体系应融入公共传播空间[N].社会科学报,2019-01-24(5).
② 李德福.优秀网络文化成果在大学生思想教育中的作用发挥及路径探析[J].职业技术教育,2019(26):68-71.
③ 杜晶波.优秀网络文化成果的认定原则[J].沈阳建筑大学学报(社会科学版),2020(6):617-621.
④ 贺书伟.高校网络文化产品评价认定:缘起、困境及实践理路[J].领导科学论坛,2021(9):155-160.

不同于大部分学者主要从思想政治教育的角度论述"网文"的评价标准、评价机制以及认定实施办法等,我们主要基于高等教育学的视角,从一个更广阔的视角来研究"网文"。2017年,刘爱生在《中国教育报》发表第一篇有关"网文"的评论性文章:《"网文"算不算科研成果》。文章认为,虽然"网文"是一种新鲜事物,但随着相关政策的不断完善和学者观念的不断转变,它未来将会获得更高的地位,引起更多教师的重视。① 2018年,刘爱生又发表论文《国外学术评价体系中的"网文":兴起、行动与挑战》,系统探讨了国外学术界将"网文"纳入学术评价体系的缘由以及具体的行动与实践。② 2020年,刘爱生先后发表论文《知识民主与高校科研变革》与《"网文"纳入学术评价体系的理论依据、价值意蕴与实践理路》。前者部分内容涉及知识民主视野下"网文"的价值问题③;后者基于多种理论视角,系统阐释了为什么"网文"可以纳入学术评价体系、"网文"的价值意蕴,以及如何把"网文"纳入学术评价体系。④ 2021年,刘爱生发表论文《为公众写作:大学教师不应忽视的社会责任》。这篇文章标题虽然没有采用"网文"二字,但精神内核仍然是"网文"。该文主要探讨了大学教师为何需要为公众写作,哪些因素阻碍了大学教师为公众写作的热情,以及如何克服这些阻碍因素。⑤ 这些前期研究成果将成为本书的核心内容之一。

总的来看,对于"网文"这一新兴事物,国内外相关的研究尚处于起步阶段,每年发表的相关论文寥寥无几,相关的理论研究都显得不够丰富,更很难说非常深入。从2015年到2020年,几乎每年都有涉

---

① 刘爱生."网文"算不算科研成果[N].中国教育报,2017-11-23(8).
② 刘爱生.国外学术评价体系中的"网文":兴起、行动与挑战[J].清华大学教育研究,2018(5):90-98,115.
③ 刘爱生.知识民主与高校科研变革[J].清华大学教育研究,2020(1):35-43.
④ 刘爱生."网文"纳入学术评价体系的理论依据、价值意蕴与实践理路[J].清华大学教育研究,2020(5):46-57.
⑤ 刘爱生.为公众写作:大学教师不应忽视的社会责任[J].高教探索,2021(2):115-120.

及"网文"的文件由教育部等机构颁布，这说明上级政府部门非常重视"网文"这一议题，但学术界似乎对这个议题仍缺乏足够的关注和重视。政府部门的高度重视与"网文"研究的相对清冷，两相一对比，就显得有点吊诡了。

　　然而，与国外相比，国内的研究尤其显得滞后。而对于"网文"纳入学术评价体系的实践研究（浙江大学、吉林大学等高校已把"网文"纳入学术评价体系）尚处于空白状态。例如，大学教师对"网文"的认知与态度，"网文"创作的动机与意愿，"网文"纳入学术评价中碰到哪些问题与挑战及如何应对，诸如此类的实际问题尚没有学者去回答。鉴于此，本书将着重于以下三方面的内容：一是进一步深化"网文"纳入学术评价体系的理论研究，尝试从多个角度回答"网文"纳入学术评价体系的合法性和合理性；二是探讨国外学术界中"网文"的研究趋势，以及"网文"有没有被国外高校广泛认定；三是结合国内外部分高校的实践，探讨在学术评价体系中如何优化"网文"的认定实施办法。

第五节　研究的思路、内容与方法

一、研究思路

　　本书的研究属于问题导向研究，但遵循"理论—实践"的研究路线：先提出本书的研究问题，并介绍本书研究的大背景；接着从学理上分析"网文"纳入学术评价体系的合法性和正当性；然后分析国外和国内学术评价体系中的"网文"，包括兴起原因、具体实践、问题与挑战等；在此基础上，进一步探索我国高校"网文"纳入学术评价体系的路径与机制优化（见图1.1）。

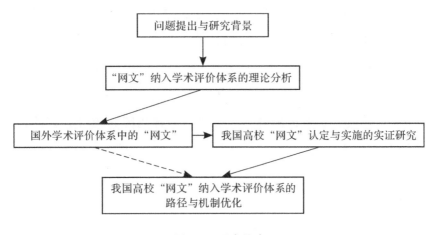

图 1.1 研究思路

二、研究内容

本书的研究除了绪论、结语之外,总共包含四大部分(五章)。

第一部分:"网文"纳入学术评价体系的理论依据。在这一部分,本书将结合社交媒体兴起的时代背景及其重要特征,深入分析"网文"的出现原因及其价值意蕴;基于"学术"内涵演变、高等教育公共参与、知识民主理念、替代计量学,以及高校科研成果的非学术影响评估等理论视角,深入剖析"网文"纳入学术评价体系的正当性和合法性;基于以引用率、刊物影响因子等量化指标为判定依据的传统学术评价体系的局限与不足,深入分析"网文"纳入学术评价的合法性与合理性。

第二部分:国外"网文"纳入学术评价体系的实践。在这一部分,本书将结合一些学术协会(如美国社会学协会、国际住院医师协会)的倡议,选取部分国家已经实施"网文"政策且具有代表性的高校,全面分析这些高校把"网文"纳入学术评价体系的原因、"网文"纳入学术评价体系的行动与实践,以及实施过程中碰到的问题与挑战。

第三部分:我国高校学术评价体系中"网文"认定实施的调查研

究。这部分将主要研究两块内容：一是通过大规模调查问卷，调查全国高校教师"网文"创作的现状、创作意愿及其影响因素；二是基于个案研究，对我国高校"网文"认定政策的执行困境进行分析。

第四部分："网文"纳入学术评价体系的优化策略。根据前面三部分研究，从一般意义上提出进一步规范和完善我国高校"网文"的认定与实施办法的建议。

三、研究方法

根据研究对象和研究内容的需要，本书将采用质性研究与量化研究相结合的研究方法，即采用多种不同的研究方法来收集、整理和分析数据与资料。我们将采用文献分析法总结经验，启迪思想，确立相关问题研究的起点；采用案例研究、比较分析法和内容分析法，探求国外大学"网文"认定办法和实施机制；采用问卷调查法收集、分析我国高校教师对待"网文"的态度和创作意愿；通过个案研究，探讨我国高校"网文"规定在实施过程中存在的突出问题，并在此基础上提出相关建议。

第六节　小　结

"网文"作为一种全新类型的学术成果被纳入学术评价体系，既是网络社交媒体时代的产物，也是教师评价改革的要求。网络社交媒体的兴起意味着高校教师可以借助这一全新的渠道创作、传播和分享知识；教师评价改革朝向多元学术的方向前进，"唯论文"将成为众矢之的；公众日益要求高校教师走出象牙塔，用自己的聪明才智和专业知识影响社会发展，意味着教师完全凭自己的兴趣做研究、写论文。在知识生产方式不断创新、学术评价方式日益多元化的当下，研究"网文"正当其时。本书主要有两个研究目的：一是从学理上论证"网文"纳入学术评价体系的必要性与可行性、合理性与合法性，重塑大学教师（包括大学行政人员）对"网文"的认知与态度；二是通过理论研究与实证研究，构建一个更为合理的、适合我国高校的"网文"认定办法与实施程序。

第二章 "网文"纳入学术评价体系的理论依据

要想更好地推进"网文"纳入学术评价体系,首先需要从学理上回答一个根本性问题:"网文"何以纳入学术评价体系,其合法性与合理性何在?或者说,它有什么资格跟传统的论著平起平坐?只有回答好这个问题,才能打破与转变大学教师和行政人员的固有观念,为有效推进"网文"纳入学术评价体系奠定坚实的基础。本章将从四个方面论述这个问题。

第一节 "学术"内涵的演变与扩充

一、"学术"概念的源起

从词源上看,"学术"①(scholarship)源于"学者"(scholar)一词。

---

① 这里需要着重勾勒西方背景下的"学术"。在我国,"学术"最早见于《史记·老子韩非列传》,"申不害者,京人也,故郑之贱臣。学术以干韩昭侯",主要指学习治国之术。到近代,"学术"一词逐渐被赋予了现代意义,即"系统专门的学问,是学习知识的一种"。例如,梁启超就把"学术"界定为:"学也者,观察事物而发明其真理者也;术也者,取所发明之真理而致诸用者也。"然而,我国学者常常把"学"与"术"混为一谈,只强调知识创新创造的一方面。这导致我们对学术的理解,在许多方面与西方相似,即理解成发现知识,体现为论文发表和专著出版。在这种狭隘的认知下,把知识传授给学生(传播知识)、把研究成果用以解决现实问题(应用知识)并不是学术的一部分。

而 scholar 最早源于古英语的 scho(i)ere,拉丁语的 scholaris 或
schola,以及希腊语的 skhole,意为学童、学生、学派、休闲、哲学或开展
讲座的场所。到中世纪,"学术"一词指个体深入地参与教学、学习以
及主导这一活动的过程。① 可见,"学术"一词最初主要是作为个体的
学者开展教与学的活动。

事实也的确如此。在很长一段时间内,学术活动基本上等同
于课堂教学,目的是促进学生性格的养成,以及为新一代的人民和
宗教领袖做准备。查尔斯·艾略特(Charles Eliot)1869 年担任哈
佛大学校长一职时,发表的一段演讲在当时就很具有代表性:"美
国大学教授的最主要职责……必须是经常性的、兢兢业业的课堂
教学。"②

后来,随着洪堡的教学与研究相结合理念的提出,以及工农业对
科学知识的依赖,美国少数大学开始把科学研究作为其主要宗旨。一
个典型代表是 1892 年成立的芝加哥大学。在创立之初,该校并没有
设本科生院,且第一任校长威廉·哈珀(Willaim Harper)在招聘教师
时,都要求教师签一份协议,条款是教师职级的提升与薪酬的涨幅主
要由个人的研究生产力决定。③ 美国当时一小部分大学或明或暗地仿
效了芝加哥大学的做法。

然而,在 20 世纪初的美国大部分大学,科学研究与研究生教
育在多数情况下都是例外,而不是通则。事实上,美国赠地大学当
时仍以为社会服务而感到自豪。不过,到 20 世纪中叶,随着第二

---

① Samah N A , Yaacob A , Hussain R M R , et al. Exploring the perception of scholarship of
teaching and learning (SoTL) among the academics of malaysian higher education institutions: Post
training experiences[J]. Man in India, 2016(1):433-446.

② Boyer E L. Scholarship reconsidered: The priorities of professoriate[R]. New York: The
Carnegie Foundation for the Advance of Teaching, 1990:32.

③ Kennedy R H, Gubbins P O, Luer M. Developing and sustaining a culture of scholarship
[J]. American Journal of Pharmaceutical Education, 2003(3):1-18.

次世界大战的爆发，大学教师的学术生活发生了剧烈的变化。这场战争让美国联邦政府充分认识到科学技术（如原子弹、导弹、雷达等）的巨大作用。自此以后，政府开始大力资助大学教师开展科学研究。到 20 世纪 60 年代早期，苏联在太空探索方面取得的成功进一步刺激了美国政府的神经，使其进一步加大了高校科研资助的力度。在此趋势下，美国大学教师越来越像科研工作者，而不纯粹是教书育人者。总之，到 20 世纪 60 年代，"学术"这一术语的内涵有了极大变化，不再是指课堂教学，而是指研究卓越（research excellency）。①

二、多元学术观的提出

随着大学日益重视科学研究，新聘教师的考核与晋升主要基于其可量化的科研发表，大学教授也被期望开展科学研究和发表成果。结果是，年轻的助理教授开始把主要精力用于他们的研究，对于教学与服务则多是漫不经心。教学与科研的分裂一直持续到 20 世纪 90 年代初，并成为一个令人头疼的问题。在这一时期，不同的群体，包括州立法议员、学生家长，以及那些重视教学的大学教师，开始质疑大学过分重视科研而忽视教学的问题。一些批评人士要求美国大学重新审视其使命，并要求重新设计高校教师奖励机制以体现当代学术生活的现实。②

在此基础上，1990 年，博耶发布了一份具有划时代意义、持久影响力的报告：《重思学术：教授工作的优先领域》。根据谷歌学术

---

① Beattie D S. Expanding the view of scholarship：Introduction[J]. Academic medicine，2000（9）：871-876.

② Beattie D S. Expanding the view of scholarship：Introduction[J]. Academic medicine，2000（9）：871-876.

(google scholar)搜索，截至 2021 年 10 月 7 日，该报告（英文版）他引次数高达 15337 次；发行量则以数十万计，此外还被翻译成几十种语言，在全球范围内传播。纵观全球，很少有论著拥有如此高的引用率和销量。该报告之所以有如此巨大的影响力，是因为它提出了一些革新性的思想，重新定义了学术。

博耶在报告中指出，传统的研究（发现的学术）是学术生活的中心，是大学不断进步的关键。但是，在校园外部新的社会与环境的挑战下，以及当代生活已经发生改变的事实下，学术的概念需要扩充，需要变得更加灵活。如果继续持一种狭隘的观念理解学术的内涵，大学的教学工作将会受到教师的忽略，大学的办学使命将会变得极度狭窄，如此下去最终会损害美国高等教育的多样性，大学巨大的潜力也将无法充分发挥。鉴于此，美国高等教育有必要打破过去对学术概念所形成的一种僵化、狭隘的认知，转而形成"一种更加全面、更具活力的理解"。他创造性地提出了四种既有区别又有关联的学术概念，包括发现的学术（the scholarship of discovery）、教学的学术（the scholarship of teaching）[1]、综合的学术（the scholarship of integration）和应用的学术（the scholarship of application）[2]（见图 2.1）。

其中，发现的学术是指原创性的、基于探索性的研究而生产的新知识或创作的原创性作品。具体包括：（1）在同行评议的期刊上发表的论文；（2）展出的作品和艺术表演；（3）图书或创造性作品的出版；（4）在专业会议上的报告；（5）音乐或戏剧演出；（6）网络运用软件的制作；（6）视频、电影、图像、音频或其他多媒体创作。

---

[1] 　在美国，一般不再只讲教学的学术，而是讲教与学的学术（scholarship of teaching and learning，SoTL）。因为教学不是单纯的教的过程，而且包括学生的学。

[2] 　Boyer E L. Scholarship reconsidered：The priorities of professoriate[R]. New York：The Carnegie Foundation for the Advance of Teaching，1990：16.

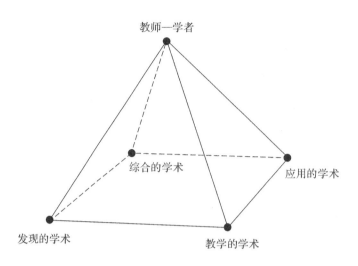

图 2.1　博耶的多元学术观

资料来源:Kwantlen Polytechnic University. Operational definitions:Scholarship &
research[EB/OL]. (2017-02-17)[2021-10-19]. https://www. kpu. ca/sites/default/files/
Research/Defining％20scholarship％20％26％20research％2014Feb17. pdf.

教学的学术是指有关教学和学习的严密、系统的知识,其一个重
要原则是:有关教学学术的活动应由所有学科的学者开展,而不只局
限于教育领域。具体包括:(1)有关教学和学习的文章;(2)开发、执行
以及分享教学与学习的革新和技术;(3)开发、执行以及分享教学与学
习的技巧和策略;(4)聚焦于教学与学习优化的研究以及其他创造性
工作;(5)积极参与教学与学习工作坊、会议和专业发展;(6)新课程的
开发与修改;(7)开展基于证据的教学与学习的实践。

综合的学术是指综合、分析和批判性评价其他人的研究或创
造性成果。综合性学术致力于在孤立的事实和碎片化的知识之间
找到有意义的模式。在性质上,它往往是跨学科或多学科的。具
体包括:(1)批判性的评论文章;(2)在传统学科领域的边缘探究;
(3)开发跨学科或多学科的课程、项目或讲座;(4)组织会议;
(5)出版教科书。

应用的学术指运用知识以解决个体、机构、社区以及社会层面的问题,它应是基于个人专业知识的一种严肃和富有挑战性的活动。具体包括:(1)与个人学术或专业领域相关的服务活动;(2)咨询或提供技术支持;(3)项目评估;(4)政策分析、制定和修订;(5)基于数据的分析,目的是优化学科、学系或机构的程序与实践;(6)任职于或被遴选为学科或专业组织。[①]

基于博耶的多元学术观,可以发现,学术的内涵不再限于狭隘的科学研究(表现为在同行评议杂志上发表论文或出版专著),它还可以是改进教学实践的学术、促成不同学科建立新联系的学术,以及利用专业知识解决社会现实问题的学术。1996年,博耶又扩展了应用的学术的内涵,首次提出了"参与型学术"(the scholarship of engagement)这一概念。[②] 后来的学者更多地把它称为"参与的学术"(engaged scholarship),是指一种融合了以上四种学术内涵的新学术范式,强调大学要加深理解当前社会所面临的各种问题,且利用各种资源解决各种紧迫的社会问题。

在多元学术观下,除了发表的论文和出版的学术专著外,诸如面向学生的教科书、面向公众的科普作品、高质量的计算机软件,甚至录像和电视上创造性的节目,都应被认作是一种合法的学术成果。[③]

---

① Kwantlen Polytechnic University. Operational definitions:Scholarship & research[EB/OL].(2017-02-17)[2021-10-20]. https://www.kpu.ca/sites/default/files/Research/Defining%20scholarship%20%26%20research%2014Feb17.pdf.

② Boyer E L. The scholarship of engagement[J]. Journal of Public Service and Outreach,1996(1):11-20.

③ Boyer E L. Scholarship reconsidered:The priorities of the professoriate[R]. New York:The Carnegies Foundation for the Advancement of Teaching,1990:65.

三、社交媒体学术的兴起

到 20 世纪 90 年代末甚至 21 世纪初，随着网络社交媒体的迅速兴起，许多大学教师开始在互联网上发布、创作、探讨和分享与其专业知识有关的内容，并允许任何一个感兴趣的用户免费阅读、下载、复制、转发、链接和打印。

这股风潮的兴起主要有两方面的原因：一是网络社交媒体的特性。网络社交媒体具有技术门槛不高、传播成本低廉、时效性与互动性非常强的特点。学者只需一台可连网的计算机，就可在互联网上分享个人创作的内容，且随时随地与学术界的同行和社会公众进行频繁的交流和互动。而在网络社交媒体诞生之前，大学教师的研究发现通常需要等待数月，甚至数年才有可能在传统的学术期刊上刊发出来，相互交流通常需要会议的形式，面对面地进行并不方便。

二是开放知识运动（open knowledge movement）的推动。当下，大部分接受公共资助的研究成果实际上都是由纳税人"付费"的，理应为全体纳税人所有，但却变成了少数出版商私有的版权资产和赚取丰厚利润的"筹码"。在数字化时代，随着知识传播成本的不断降低，社会要求版权立法不准维持出版商的暴利，而应充分保护公众获得知识的权利。但是，在开放知识运动的兴起与冲击下，不少传统的商业出版巨头选择了防御性，甚至敌对性的对策。例如，2016 年爱思唯尔将在线同行评议的专利占为己有，试图将开放与封闭之争拖入专利归属的战场，这引起了社会各界的口诛笔伐和强烈不满。[①] 面对出版商的唯利是图和蛮横无理，一些高校教师选择避开传统的学术期刊，在互

---

① 任翔.知识开放浪潮中的商业出版：2016 年欧美科技图书出版评述[J].科技与出版，2017(2)：4-9.

联网上发表与分享个人的原创性成果。

在社交媒体的兴起和开放知识运动的冲击下,高校教师的评聘与晋升标准随之发生了一些变化。美国梅奥医学研究中心(Mayo Clinic)的丹尼尔·卡布雷拉等人指出,开放知识运动促进了人文社科与理工类科学信息快速、低廉、便捷地传播,社交网络新特性推动了免费开放存取资源运动和网络社交媒体的民主化。在此运动下,学术人员无须依靠传统的学术期刊就能够实现知识的传播和分享,对那些负责评判学术成果价值的管理人员构成了前所未有的挑战。①

2016 年,美国社会学协会在其发表的报告《什么算数?评价终身教职与晋升中的大众传播》中指出,大学教师在公共传播、社交媒体上付出时间与精力,参与创作和分享专业知识,具有重要的学术价值和社会意义,属于公共参与(public engagement)。它有别于传统的教学、科研和社会服务,是一种自成体系(self-contained)的范畴,完全有资格独立构成高等教育的第四大功能。②

不同于国内把诸如此类的成果称为"网文",国外往往直接冠以"学术"二字,如社交学术、公共学术、数字学术以及社交媒体学术③,等等。这些概念在侧重点上存在一些差异,但都指向一个方向:随着网络社交媒体的兴起,大学教师无须在传统的学术期刊上发表成果,完全可以借助社交网络进行与专业交流相关的活动。这意味着人们对学术的理解不能太过狭隘。大学教师为公众进行的创作应被视为一

① Cabrera D, Vartabedian B, Spinner R, et al. More than likes and tweets: Creating social media portfolios for academic promotion and tenure[J]. Journal of Graduate Medical Education, 2017 (4): 421-425.

② American Sociological Association. What counts? Evaluating public communication in tenure and promotion[R]. Washington: the ASA Subcommittee on the Evaluation of Social Media and Public Communication in Sociology, 2016.

③ Cabrera D, Roy D, Chisolm M S. Social media scholarship and alternative metrics for academic promotion and tenure[J]. Journal of the American College of Radiology, 2018(1): 135-141.

种学术成果,应纳入学术评价体系。

另外,想象美国(Imagining America)——一个致力于推动公共学术的美国高校联盟——2008 年发表的一份报告可以进一步加深和丰富我们对学术概念的理解。这份报告名为《公共学术:参与型大学的知识创造与终身制政策》("Scholarship in public:Knowledge creation and tenure policy in the engaged university")。该报告在博耶提出的多元学术观的基石上,创造性地提出了"学术连续体"(the continuum of scholarship)的概念。其核心思想是:学术的内涵与外延并非一元的、固定不变的,而是多元的、变化的,宛如不断变换的光谱或梯度。在学术的连续体中,一端是传统型学术(如论文发表),另一端是参与型学术(如"网文"创作)。无论是位于哪一端的学术,它们在教师评价机制中都具有同等的地位。与此对应,高校教师的职业发展路径也是一个连续体,他们可以在职业生涯的不同阶段创作不同类型的学术成果。当然,既然是一个学术连续体,那么无论是哪一类型的学术成果在具体评价时都应恪守一些共通的原则,如质量和影响力。[①]

总之,"学术"的概念并非一成不变的,而是随着社会发展的变化而不断变动的。多元学术观的提出极大地丰富了人们对学术的理解。近年来,随着社交媒体的兴起,高校教师的创作平台与发表渠道可以突破以往的传统路径。"网文"只要能给这个社会带来积极的影响,无论是启迪公众的认知,还是解决了某个现实问题,就应该得到高校的认可。总之,博耶的多元学术观为"网文"纳入学术评价体系奠定了思想基础。

———————

① Ellison J, Eatman T K. Scholarship in public:Knowledge creation and tenure policy in the engaged university[R]. Davis:Imagining America,2008.

第二节　知识民主理念的兴起

随着后现代主义哲学的滥觞、科学知识社会学(the sociology of scientific knowledge, SSK)的兴起以及科学实践哲学的提出,许多学者开始不断反思以下几个根本问题:何为知识? 它是如何生产出来的? 又是为谁生产的? 是否存在不同的知识传统与文化? 当下占据主导地位的实证主义知识体系(positivistic knowledge system)在人类历史上一向是如此吗? 或者,知识应该被视为一种主观的事物吗? 因为它完全是被人建构出来的,且处于不断的变动之中。在知识社会和知识经济话语不断增强的环境下,人们日益强烈地意识到知识、知识产生方式以及知识传播方式的多元化和多样性。[①] 基于此,知识民主(knowledge democracy)这一全新的哲学理念于 1991 年被明确提出,并逐步在全世界范围内兴起。那么,究竟什么是知识民主? 不同学者由于学科视野的不同,往往对知识民主的理解存在一些差异。综合来看,知识民主理念主要包含以下四个维度的内容。

一、强调认识论和知识类型的多元化

西方科学知识给人类社会带来的巨大进步使得西方标准的知识在世界范围内轻而易举地取得霸权地位。受此影响,工具理性成为知识的唯一认识论来源。然而,知识民主的提倡者在实地考察研究中,发现知识来源绝非只有一种,而是存在多种认识论。例如,参与式研

[①]　Tandon R, Singh W, Clover D, et al. Knowledge democracy & excellence in engagement [J]. Institute of Development Studies, 2016(6): 19-36.

究(participatory research)的提出者拉捷斯·坦登(Rajesh Tandon)早些年在印度一些农村做实地调研时,发现当地农民虽然没接受过正规的教育,但通过其他方法仍然掌握了丰富的乡村生活与农作种植的知识。他说道:"在人类获取知识的过程中,认知与理性思维扮演着重要的角色。但是,人类也通过感觉和行动获取知识。遗憾的是,感觉和行动并没有被当作合法的认识世界的方式。如果要建立知识民主的理念,就需要我们改变以上认识。"①

又如,艾玛·斯科特(Emma Scott)博士在对委内瑞拉的原住民希维族人(Hiwi)的社会现实状况(social reality)进行长达 14 个月的考察后,发现希维族人的认识论跟西方截然不同。希维族人的认识论建立在泛神论的世界观的基础之上,主张实体的人(human-beings)与虚体的灵魂(spirit-beings)是作为两个独特但平等的概念而存在的。这种认识论建立在幻觉、濒死体验和做梦等主观形式的经验与认知基础之上,且把泛神论的知识论视为一种更为优越、更为可靠的认识事物的方式。显然,希维族人的认识论与西方工具理性主导下的认识论以及严格的主观与客观的二相区分是截然不同的。按照西方世界的标准,希维族人的认识论是非理性的、站不住脚的,甚至是可笑的。不过,斯科特指出,尽管希维族人被西方列强殖民长达几百年,但他们仍依据自身的思想观念与逻辑标准,维系和建立了他们关于自然、社会和心灵环境(spiritual environment)的广泛知识,并且在长期的生存与发展中维持了他们作为希维族人特有的认同。②

既然这个世界上存在多种认识论,那么理应存在许多不同的知识

---

① Tandon R. Global challenges [M]//GUNi's. Knowledge, Engagement and Higher Education: Contributing to Social Change. New York: Palgrave Macmillan, 2014:4.

② Scott E L. Decolonisation, interculturality, and multiple epistemonogies: Hiwi people in Bolivarian Venezuela[D]. Stephanie Williams: James Cook University, 2016: 274-295.

类型。事实上,我们耳熟能详的草根知识(grass roots knowledge)、本土知识(indigenous knowledge)、隐性知识(tacit knowledge)、实践性知识(practical knowledge)、地方性知识(localized knowledge)等,就是不同认识论下各种知识类型。在 SSK 学派看来,这些不同类型的知识带有鲜明的实践性、地方性和文化性,甚至非理性等特征,但是并不比号称具有确定性、客观性与普适性的西方标准下的科学知识逊色。科学哲学大师费耶阿本德(Feyerabend)对此就指出,西方标准下的科学知识的优越性完全是人为假定的,并未得到充分研究与论证,但恰恰是这种假定导致了西方科学知识在全球文化中的霸权地位。他进一步论述道,实践证明,有一些非科学的知识比科学知识更有效……科学史、灵学中的最新研究显示,我们远古的祖先和当代的"原始人"有着高度发达的宇宙论、医学理论、生物学理论,他们经常比自己的西方竞争对手拥有更好的成果,并描述了"客观的"实验方法所无法洞悉的现象。①

　　显然,知识民主理念的倡导者尝试打破人们一贯以来对西方认识论及其知识类型标准的迷思,赋予地方性知识平等的身份和合法的地位。鉴于当前非西方标准下的认识论和知识类型完全处于一种长期被压迫或边缘化的位置,这种赋权无疑具有积极的世界意义。但需要指出,这种打破并不是要彻底贬低或否定西方标准的知识,更不是刻意要无限抬高地方性知识的价值与地位。从一个极端走到另一个极端,那显然不符合知识民主理念的精神与内涵。荷兰学者约兰·塔鲁萨里亚(Joram Tarusaria)对此指出:"要求严肃对待地方认识论(indigenous epistemology),并不意味着地方认识论是万灵药。然而,一种多元化的认识事物的路径必须取代单一化的认识路径,因为后者

---

① 蒙本曼.知识地方性与地方性知识[M].北京:中国社会科学出版社,2016:96.

是以牺牲其他认识路径为代价的。在单一化的路径下,某种特定的知识系统被置于特权地位。但是,在多元化的认识路径下,我们能以一种平等的视角来看待所有的知识体系,包括知识的生产、证实和传播。"①

二、强调知识生产与表征方式的多样性

在西方主导的工具理性认识论下,知识的生产普遍遵循逻辑经验主义的路径,强调严密的理论体系、完备明确的事实基础,以及理论建构的普适性与简约性。基于这种认知,似乎只有依赖数学概念、逻辑推理以及建立在此基础上的调查、观察、实验等方法,才能生产出真正的、普遍的知识。但是,根据上文分析可知,既然这个世界存在多种多样的认识论,那么知识生产的方式也应该是多元的。它既可以在装备精良的实验室产生,也可以在农民耕种的田间地头产生;它既可以通过问卷调查、观察实验等实证的方式产生,也可以通过思辨、感悟、实践等非理性的方式产生。以中小学教师拥有的实践性知识为例,它具有行动性、情境性、过程性、直接性、关系性等特征,是中小学教师通过反思和提炼自己的教育教学经验,最终所形成的对教育教学的认识。它大多是在第一现场生成的,如对某一堂课进行观察,或者对一个教学案例进行头脑风暴,而不是机械地运用学术界已经开发的理论知识。②

知识表征的方式主要涉及知识传播与扩散的问题。按照知识民主的哲学理念,知识的传播与扩散方式是多样化的,绝不仅限于传统

---

① Tarusaria J. Beyond epistemicide:Toward multiple forms of knowledge[EB/OL].(2018-05-22)[2021-10-20]. https://www. counterpointknowledge. org/beyond-epistemicide-toward-multiple-forms-of-knowledge/2018-05-22.

② 陈向明.教师实践性知识研究的知识论基础[J].教育学报,2009(2):47-55.

的学术会议、学术期刊、专著等。例如,隐性知识只有通过个人的亲身体验才能获取,往往被描述为一种"知道如何去做"(know-how)的知识,而不是常见的"知道是什么"(know-what)的知识。因而,隐性知识不太可能通过书面文字、图像、表格和数学公式呈现出来,而主要通过故事讲述、象征、个案分析、师徒口耳相传、长期体验与感悟等方式呈现出来。对此,知识民主运动的先驱、维多利亚大学(University of Victoria)巴德·霍尔(Budd Hall)教授就指出:"务必要认识到,在我们生活的世界中,知识是以一种动态的方式进行生产、表征和分享的。知识呈现的形式远超规范的印刷文本、同行评议的期刊论文、图书,甚至以博客、推特和网页等方式存在的数字内容。在社区日常琐碎的生活中、在风起云涌的社会运动中,以及在对社会正义、转型和变革的不竭追求中,知识表征与分享的方式是丰富多彩的:既包括流传已久的各种各样的古老仪式,又包括生动活泼的故事讲述,借此,多样化的文化实践和认识事物的方式得以永续保存。此外,知识表征与分享的方式还包括雕塑、图片、诗歌、行为艺术、舞台剧等。这些表征知识的方式,或通过隐喻,或通过象征,所能传达的内容能够远远超过文字和语言所能传达的,并且能够在理念与理解之间建立全新的关联。"①

三、强调知识的社会功用性

众所周知,知识就是力量。② 知识的力量在于它能够改变人类社

---

① Hall B. Beyond Epistemicide: Knowledge Democracy and Higher Education[C]. Regina: Public Engagement and the Politics of Evidence in an Age of Research Liberalism and Audit Culture, 2015.

② "知识就是力量"源于弗朗西斯·培根(Francis Bacon)的名言"scientia est. potentia"(拉丁语),意思是说知识的作用在于它能驱使物体向前运动。后来,西方人把它理解成"knowledge is power"。当前,国内一些学者认为,这里的 power 应理解成"权力",即"知识就是权力"。回到培根的原文来看,"知识就是力量"恐怕更贴合原文的意思。

会的方方面面。正是建立在知识巨大功用的基础上,才有了我们今天司空见惯的知识社会和知识经济。然而,在人类社会取得巨大成就的同时,我们必须认识到:其一,很多知识仍然停留在图书馆的学术期刊或专著上,宛如养在深闺中不被人知晓的大家闺秀。其二,不少知识演变成专家学者的一种想象或虚构,并不一定能够反映社会现实。无论是哪一种情况,这些知识无法有效解决普通公众关注的涉及切身利益的诸多地方性和全球性问题,包括环境污染、疾病传染、气候变迁、极度贫困、信息安全等。一个更为严峻的问题是,知识爆炸性增长所带来的益处并没有惠及每一个区域(例如非洲、南美洲等)、每一个个体,尤其是社会的边缘性群体(如少数族裔、乡村的老人、小孩等)。

在知识民主哲学理念的倡导者看来,以上问题是知识不民主所导致的。一方面,一小撮社会精英分子垄断了知识的生产和传播。这种情形导致少数位于围墙内的人变成"知道者"(knower),大部分位于围墙外的人变成"非知道者"(non-knower)。然而,随着知识社会的来临,知识日益成为社会中公共生活决策和个人生活决策的基石。对科学知识及其生产和应用的掌握,已经成为人们表达意见和争取权利的基础,没有科学知识的民主就无法实现经济民主和政治民主。[①] 联合国教科文组织(UNESCO)2016 年发布的报告《世界社会科学报告2016——挑战不平等:通往公平世界的途径》("World social science report 2016——Challenging inequalities:Pathways to a just world")就指出:内在于这一挑战背后的是知识本身的不平等,以及知识不平等与其他不平等交织在一起。这包含知识建构中的不平等——哪种知识被生产,由谁生产,在哪里生产。[②]

---

① 尚智丛,田甲乐.科学知识民主研究的起源[J].科学技术哲学研究,2017(2):114-118.
② 李光辉.《世界社会科学报告(2016)——挑战不平等:通往公平世界的途径》(概要)[J].国际科学杂志(中文版),2017(4):158-171.

另一方面,知识的生产越来越少地关注其社会功用性(social use)。当下,知识的生产要么是为了个人的升迁与名利,要么是为了知识生产机构本身的排名与声誉,要么是为了企业的扩张与利润,要么是为了政府或政党的权力意志,成为某些政府或政党论证、推行公共政策的"脚注"。当然,这些目的都没有错,因为无论是个人还是机构,都需要大量的知识,但在这背后往往欠缺考虑知识的社会功用性。所谓社会功用性,是指生产知识的最终目的要有助于实现社会的公平正义,要有助于解决与普通公众息息相关的各种社会问题,以及有助于提高普通公众的生活幸福指数。巴德·霍尔等人对此就指出,知识民主哲学理念的核心思想是:把人类创造的知识理解成开展社会运动的强有力工具,其目的是深化和完善民主,创建一个更公平、更和谐、更健康的世界。要实现这一点,不仅需要我们全面认清"谁的知识算数"和"知识与生活之间的可能关系"这两个基本问题,而且需要我们把公平、正义的价值与知识使用的过程有意义地联系起来。[①]

四、强调知识分享的开放存取

人类千百年下来所累积的知识可以说是人类智慧的结晶,理应为全人类共同所有和共同享用。早在 1948 年,联合国就在其颁发的《世界人权宣言》第二十七条规定:"人人有权自由参加社会的文化生活,享受艺术,并分享科学进步及其产生的福利。"[②]同样,一直从事公共知识(public knowledge)理论研究与社会实践探索的斯坦福大学的约

[①]　Hall B, Tandon R. Decolonization of knowledge, epistemicide, participatory research and higher education[J]. Research for All, 2017(1):6-19.

[②]　世界人权宣言[EB/OL]. (2019-10-30)[2021-10-21]. https://baike. so. com/doc/6734499-6948866. html.

翰·威林斯基(John Willinsky)教授也指出："获取知识是一项基本的人权。如果这项权利得不到保障，那么个人想捍卫和主张其他权利，将无从谈起，因为二者是紧密联系在一起的。"①

　　然而，当下许多知识俨然成了可供交易和买卖的商品，成为少部分出版巨头私有的版权资产和赚取丰厚利润的工具。其中，那些受到巨额公共财政资助的学术研究成果所引发的争议最为激烈。这些研究成果明明受到公共资助(纳税人出钱)，但公众反而还要再出钱才有可能获取。据统计，2014年，全球用于订购主要出版商旗下的学术期刊费用达到惊人的76亿欧元，每篇论文的订阅费用一般为3800—5000欧元。高昂的费用背后是出版巨头的暴利，诸如爱思唯尔(Elsevier)和斯普林格(Springer)这样的出版巨头，其利润常年维持在30％—40％，且近年来还有不断上涨的趋势。不得不说，这个利润率是其他大多数行业难以企及的。高昂的费用以至于连享有帝国之称的哈佛大学都声称承担不起价格节节攀高的杂志订阅费。② 在我国，知网(CNKI)连年攀升的续订费和超高的毛利润率(2020年为53.9％)，一直以来受到学术界的广泛批评。2022年，中国科学院因知网要价太贵(高达千万元)宣布停用，知网再次被推上舆论的风口浪尖。③ 可以想象，哈佛大学和中国科学院尚且如此，大量的第三世界国家大学的境况会是怎样。显然，出版商的垄断和谋利行为不仅不利于学术成果的潜在价值得到有效发挥，而且会加剧发达国家与发展中国家在学术研究中的不公平和不平等地位。

---

　　① Tennant J, Waldner F, Jacques D et al. The academic, economic and societal impacts of Open Access: An evidence-based review[J]. F1000Research, 2016(5):1-47.

　　② Moody G. Open access: All human knowledge is there——So why can't everybody access it? [EB/OL]. (2019-10-30)[2021-10-21]. https://arstechnica.com/science/2016/06/what-is-open-access-free-sharing-of-all-human- knowledge/.

　　③ 林玮琳."中科院停用"背后：争议漩涡中的知网[N].广州日报，2022-04-01(12).

基于社会各界的强烈不满,又恰逢互联网技术的高速发展与普及,要求开放获取科学研究成果的呼声在整个20世纪90年代一直不绝于耳。随着2001年布达佩斯(Budapest)"免费在线学术"(Free Online Scholarship)会议的召开,这个呼声达到了顶点。这次会议首次明确提出了"开放存取"(open access)的概念:任何一篇文献都能够在公共网络上自由获取;任何一名用户都可以免费阅读、下载、复制、传播、搜索、链接、索引这些文献资料,或者将其用于其他任何合法的目的。除了自身无法上网的因素之外,用户在使用文献资料时应不受经济能力、法律或技术的限制;对其复制和传播的唯一限制,或者说版权的唯一功能,应是保障作者有权控制其作品的完整性以及作品得到正确的认可和引用。[①]

此后,"开放存取"的概念又拓展到开放科学、开放数据、开放教育资源等领域。无论是哪个领域的开放存取,它们都蕴含着开放、公益、共享、免费、公平等价值理念。显然,开放存取的理念与知识民主的精神内核是一致的。巴基斯坦著名学者阿赫迈德·拉扎(Ahmad Raza)等人对此就指出,知识的民主化意味着整个人类社会可以跨越文化与社会的严密界限,自由而平等地获取人类所创造的一切知识。尤其是对于那些发展不充分地区的社会及其个体,知识的民主化更具价值。一个不平等地掌控信息资源和信息结构的社会必然会产生更多的社会、政治与经济的不平等。[②]

由此可见,在知识民主哲学理念下,"网文"完全有资格纳入学术评价体系。一方面,按照知识民主的哲学理念,"网文"同样具有知识

---

① Tennant J, Waldner F, Jacques D et al. The academic, economic and societal impacts of Open Access: An evidence-based review[J]. F1000Research, 2016(5):1-47.

② Raza A, Murad H. Knowledge democracy and the implications to information access[J]. Multicultural Education & Technology Journal, 2008(1): 37-46.

的属性,只是知识表征的方式不同于传统的学术论文、专著。另外,由于"网文"的表征方式五花八门、传达的内容通常贴近公众生活以及任何一名公众都可以免费获取,其传播的范围往往更广,传播的效果往往更好,传播的内容更容易被大众接触和理解。因而,与传统的研究出版物相比,"网文"通常有着更为普遍的社会影响力,更有可能对民众的寻常生活和国家一些重要的政策决定产生实质性影响。另一方面,依照知识民主的哲学理念,高校教师的知识创新需要服务社会发展,不能完全按照个人的兴趣搞自娱自乐式的研究,而是要以解决社会面临的紧迫的实际问题为重要目的。显然,高校教师在互联网技术和数字技术的支持下,以一种快捷、高效、通俗的方式传播个人的研究成果("网文"),以对社会公众的生活和国家的重要决策产生直接影响,即是知识民主哲学理念的彰显。

第三节　学术评价机制的嬗变

虽然传统的学术论文、专著以及课题项目等仍是当前大学教师考核、晋升、头衔与荣誉获得需重要考虑的一项内容,但绝不等于学术评价机制一成不变。在我国,科技部、教育部等部门多次明确将破除"唯论文"写入政策文本,强调对大学教师评价时应注重学术贡献和社会贡献。此外,随着多元学术观的确立,越来越多的高校开始采取分类评价的做法,如设立教学为主型教师岗、教学科研并重型教师岗、科研为主型教师岗、社会服务型教师岗等。需要注意的是,除了基于多元学术观而逐步确立的分类评价之外,还有一个更重要的变化趋势是:伴随着大学科研的非学术影响评估和替代计量(almetrics)的兴起,"网文"也逐渐被纳入学术评价的范畴。

一、大学科研的非学术影响评估

一谈到大学科研成果的影响,人们通常首先想到的是学术影响,如论文发表刊物的影响因子、论文他引次数、有无获得重要奖项(诺贝尔奖、菲尔兹奖)。当前,各种学科评估、各种大学排行榜,其评价的一个核心指标就是科研成果的学术影响。但是,自20世纪90年代末以来,大学科研成果的非学术影响日渐出现在高校及学者的视野中。所谓大学科研成果的非学术影响,顾名思义,是指科研成果对学术界之外的社会、政治、经济、文化、环境等所产生的影响。大学科研成果的非学术影响评估就是对大学科研成果在学术界之外产生的影响进行评价。当前,非学术影响评估开始在一部分西方发达国家(例如英国、澳大利亚、荷兰等)展开,但尚未大规模推行开来。不过,鉴于政府问责的强化,非学术影响评估日益受到越来越多国家的认可,极有可能成为一股世界潮流。

在那些已经实施非学术影响评估的国家中,澳大利亚是一个典范。2019年3月29日,澳大利亚科学研究理事会(Australian Research Council,ARC)发布了首份非学术影响评估报告:《(大学科研)参与和影响评估国家报告(2018—2019)》("Engagement and impact assessment 2018-19 national report")。该报告评估了澳大利亚高校学术人员与普通终端用户的互动状况,向社会公众展示了澳大利亚高校如何将学术成果转化成社会、经济、环境以及其他方面的影响。[①] 报告一经颁布,迅即引来世界各国高等教育的广泛关注。作为全球第一

---

① Australian Research Council. Engagement and impact assessment 2018-19 national report[R]. Canberra:Australian Research Council,2019.

个独立、系统、全面评估大学科研非学术影响的报告[①],它无疑具有重要的标杆意义。

(一)大学科研成果非学术影响评估的兴起

第一,大学知识生产模式的转型。随着社会的不断发展和创新范式的不断更新,大学的知识生产模式随之也发生了深刻的转型。迈克尔·吉本斯(Michael Gibbons)等人早就指出,在知识经济时代,大学的知识生产模式已由"模式Ⅰ"演进到"模式Ⅱ"阶段。在"模式Ⅰ"阶段,大学的知识生产通常强调要遵循学科逻辑,目的是产出高深学问;在"模式Ⅱ"阶段,大学的知识生产强调跨学科性、以问题为中心,具有反思性、应用性、适应性以及非层级性等全新的特征。[②]

随着社会进一步向前发展,大学的知识生产模式又发生了变革,即由"模式Ⅱ"演进到"模式Ⅲ"阶段。在这一阶段,知识生产呈现出如下特点:以分形创新生态系统、创新网络和知识集群为基本要素,强调组织结构的多形态、多节点、多层次、多主体的多维聚合性。[③] 在这种新模式下,知识生产的主体不再是大学,而是涉及"大学—政府—产业—公民"的各利益相关者,彼此之间形成一种四重螺旋的创新生态系统。此外,在"模式Ⅲ"阶段,知识生产的目的不再局限于为人类增加新的科学知识,而是强调给不同的终端用户带来不同的收益。大学知识生产模式的深刻与剧烈的转型意味着大学科研评价也需要顺势发生转变。卡拉雅尼斯(Carayannis)教授对此就指出:在新的知识生产模式下,科研评价的标准应该是多元化的;对一项科学研究的评价

---

① 在全球范围内,英、美等国家也正在积极尝试评估大学科研的非学术影响,但要么不够系统全面,要么将学术影响与非学术影响融合在一起评估。

② 吉本斯,利摩日,诺沃提尼,等.知识生产的新模式[M].陈洪捷,沈文钦,等译.北京:北京大学出版社,2011:8.

③ 武学超.模式3知识生产的理论阐释——内涵、情境、特质与大学向度[J].科学学研究,2014(9):1297-1305.

不仅要考虑它对学术自身发展所带来的影响,而且需要考虑它对学术界外部的社会经济文化等产生的影响。只有兼顾这两方面的影响,才能更好地促使大学的科研向追求学术卓越和彰显社会价值的方向迈进。[①]

第二,政府科研投入的社会价值诉求。20 世纪 80 年代,西方主要发达国家的经济发展遇到瓶颈,表现为经济增速放缓,财政压力与日俱增。在此大背景下,西方国家引入新公共管理思想和新自由主义哲学理念,目的是在减轻政府财政支出的同时履行公共福利责任。高等教育作为一种标准的公共产品率先成为改革触及的重要领域。在新自由主义理念下,政府虽然赋予了高校更多的自治权,但同时引入了更多的问责机制和竞争机制。例如,澳大利亚政府对高校的财政拨款不再采取过去"一揽子拨款"的办法,而是采用新的竞争性拨款的办法;同时,澳大利亚政府引入了审计文化,不断加强对高校投入的绩效评估与考核。[②]

概言之,在新的理念下,政府逐渐形成了一种鲜明的市场化观念,即投资要能产生收益。政府日益强调在大学科研上的巨额公共投入,除了能够产生高质量的学术成果之外,还应产生社会经济价值(通过科学研究)。当前,日趋激烈的全球经济竞争进一步强化了这种绩效观念。因为经济竞争的背后是高层次人才的竞争,是高科技的竞争。受此影响,政府对大学的科研评估与考核不再单纯强调传统的学术影响力,而日益兼顾大学的科研成果对社会经济发展所带来的影响。

第三,普通公众对科学研究信任水平的下降。自科学诞生以来,大多数普通公众对科学是抱着充分的信任的:相信它能改变世界,造

---

① 武学超.大学科研非学术影响评价及其学术逻辑[J].中国高教研究,2015(11):23-28.
② 何晓芳.新自由主义背景下的澳大利亚高等教育管理模式转型[J].清华大学教育研究,2012(6):55-60.

福人类，使人类的生活变得更加美好。然而，疯牛病的暴发、切尔诺贝利核泄漏、全球变暖、环境污染、问题疫苗等一系列事件极大地削弱了普通公众对科学研究的信任。此外，诸如干基因编辑、细胞研究以及人工智能等颠覆性技术（也可称为破坏性技术）的迅速发展也促使许多公众担心其背后潜在的伦理问题与社会风险。2018 年，澳大利亚工业、创新和科学部（Department of Industry, Innovation and Science）发表的一份有关普通公众对科学的信念与态度的问卷调查就表明，公众与科学之间仍存在不少问题。这次调查揭示，虽然高达 80％的公众对科学仍然抱着乐观的态度，但公众在许多科学事件上的态度无法令人乐观。例如：接近一半（48.3％）的公众明确反对用动物来做实验研究，理由是太过残忍了；尽管转基因食品被科学证明是安全健康的，但仍有超过三成（33.1％）的公众认为它是有害身体健康的；在是否需要强制给小孩打疫苗预防疾病这个问题上，仍有超过一成（12.8％）的公众或担心疫苗会起副作用，或压根不信任疫苗的预防作用，认为接种疫苗不应该成为强制选项。[①]

显然，这些数据充分反映了一个深层次的问题，即科研人员与普通公众之间的沟通存在着诸多不足，以及公众对科研成果的信任水平呈下降之趋势。显然，这种不信任最终会伤害大学科研自身，因为大学的研发经费主要来自纳税人的税款。为了提升普通公众对科学的信任水平，以及有效消解公众对科学技术应用的隐忧，大学需要加强与普通公众之间的沟通，需要告知普通公众其学术人员创造了哪些成果，这些成果可能会给人类社会发展带来哪些影响，等等。总之，评估大学科研成果的非学术影响与最大限度地获取普通公众的信任成了大学自身和政府部门需要着重考虑的事务。

---

① Lamberts R. The Australian beliefs and attitudes towards science survey—2018［R］. Canberra：The Australian National University, 2018.

(二)大学科研成果非学术影响评估的核心思想

可见,大学科研成果的非学术影响评估的核心思想是:受到公共资助的科研成果需要努力通过多种证据显示其给社会带来直接或间接的益处。当然,这一评估的思想也存在着一定的不足,表现为:第一,非学术影响评估方法背后的逻辑。按照这一评估方法,科学研究与社会影响之间存在一种线性的逻辑关系,一种可观察、可测量的影响可以归功于某一特定的研究成果。然而,社会影响的显现不仅具有滞后性,而且带有一定的偶然性,你很难凭借当前的思维判断今后的影响。第二,非学术影响评估方法的效果问题。在非学术影响评估过程中,一些高校普遍采用案例来阐释其社会影响力,但是往往一个学科或领域仅用一个案例文本(通常有字数限制)来涵盖,这显然难以全面准确衡量某一项研究的社会影响力。第三,非学术影响评估所可能引发的短视行为。一些学者担忧,大学科研的非学术影响评估有可能会扭曲大学的学术活动,加剧科学研究中的短视行为,使得大学教师日益朝着容易获得外部资助和产生显性的社会影响的研究方向靠拢,而一些基于个人好奇心的、没有直接社会价值的基础研究可能会遭到冷落。实际上,很多研究虽然难以产生直接的、显性的社会影响,但绝不等于它们没有影响。它们的影响可能是"软的"、间接的,包括提升普通公众的意识、改变个体的行为观念、满足个体的好奇心,以及点燃个人的激情。[①]

按照大学科研的非学术影响评估的思想,大学科研成果的社会参与与影响一般遵照以下发展路径:投入(input)→活动(activity)→产出(output)→结果(outcome)→收益(benefit)(见表 2.1)。

---

① Doyle J. Reconceptualising Research impact: Reflections on the real-world impact of research in an Australian context[J]. Higher Education Research & Development, 2018(8): 1-14.

表 2.1　大学科研的影响路径①

投入	活动	产出	结果	收益
·科研收入 ·员工 ·背景知识产权② ·基础设施 ·数据 ·文献 ·校外研究人员	·向从业者群体开展讲座 ·与文化机构的联结、工作坊、实习以及公共参与 ·公共讲座、研讨会、校园开放日	·活动参与统计(公共讲座、文化讲座、展览等) ·能够捕捉社交媒体活动的计量 ·展览或新作品的媒体曝光度	·与产业的合作 ·初创公司 ·高级学位研究型(HDR)③学生被聘用 ·学术合作备忘录或协议 ·诉讼中担任专家证人	·与科研使用建立网络与关系 ·来自终端用户的实物资助 ·有意义的社会改变 ·公平 ·平等
·校内的科研终端用户	·向政府开展咨询或提出建议 ·解答公众疑惑 ·转化研究:与使用者和参与群体共同合作 ·指导外部科研合作伙伴 ·服务外部咨询委员会	·专利授予、国际专利申请、三方同族专利④ ·科研合同、咨询以及专家证人⑤的次数 ·专利使用权协议 ·保密协议 ·高级学位研究型(HDR)学生实习 ·公共报告的作者	·专家咨询 ·共同资助的科研产出(与科研终端用户) ·图书销量 ·与科研资助和实物资助相关的慈善 ·签约客户 ·专利中引用传统研究成果	·生活质量 ·教育变革 ·社区知识 ·文化投资 ·雇佣 ·技术革新 ·学术知识的工业利用 ·重要的高校伙伴

① Simpson L. Engagement and impact[EB/OL]. (2019-11-03)[2021-10-21]. http://www.research. uwa. edu. au/data/assets/pdf_file/0011/3377819/10-Planning-for-Impact. pdf.

② 背景知识产权(background IP)指在技术开发合同生效日之前由合同一方产生或持有的,或者一方在技术开发合同有效期内产生或持有但是超出合同范围或与合同无关的知识产权,包括专利、著作权、未公开的技术报告和数据等,有时也被称为背景成果、背景发明或背景专利。更多请参考:何隽.技术开发合同中"背景知识产权"如何约定[N].中国知识产权报,2018-08-23(5).

③ 高级学位研究型学生(higher degree research student)是指被录取到哲学博士、研究型硕士、哲学硕士或专业博士等研究型课程的学生。这些课程由澳大利亚联邦教育与培训部(Federal Department of Education & Training)指定,其中研究型课程不少于 66%。更多请参考:AskOUT. Who are higher degree research (HDR) students/candidates[EB/OL]. (2019-11-03)[2021-10-21]. https://ask. qut. edu. au/ app/answers/detail/a _ id/5307/~/who-are-higher-degree-research-%28hdr%29-students%2Fcandidates%3F.

④ 三方同族专利(triadic patent)是经济合作与发展组织(OECD)关于创新与技术指标中的重要统计指标。OECD 对三方同族专利所下定义为:来自欧洲专利局、日本专利局、美国专利与商标局保护同一发明的一组专利。

⑤ 专家证人(expert witness)指具有专家资格,并被允许帮助陪审团或法庭理解某些普通人难以理解的复杂的专业性问题的证人。

可见,随着大学科研成果的非学术影响评估的提出,所有面向公众的讲座、写作(例如在新闻报纸上的刊文、在国家电视台担任解说嘉宾等)及其在网络社交媒体的传播,都将被纳入该评价体系,以作为大学科研社会影响力的证明。一个学者一味生产纯知识而忽视其社会影响,在可预见的未来是不会受到大学和社会欢迎的。

二、替代计量学的出现

(一)替代计量学的概念

长期以来,对大学教师学术影响力的评估主要基于论文发表的数量、学术杂志的影响因子、论文他引的总次数以及获奖情况等。一般来说,大学教师发表论文的刊物影响因子或等级越高,论文发表的数量越多,他引的次数越多,那么其在学术界的声誉和地位就越高。然而,这种评价科研成果的传统方法存在着不少的局限:第一,时滞过长。一篇论文从投稿到接受同行评议再到最终刊发,其周期往往在数月至数年之间不等,而基于引文的文献计量分析的评价,则又要再往后拖延一段时间,难以及时反映大学教师科研成果的价值。第二,他引次数容易受到人为的操作与扭曲。现实生活不乏一些学术期刊和学术人员为了增加他引次数,采取花钱买引用、指使他人引用等弄虚作假的行为。第三,学术成果类型的狭隘化。这种文献计量方法通常只强调正式刊发的学术论文,忽视了其他类型的科研成果,如分享的代码和数据、研讨的视频、开发的软件、学术会议 PPT、发表的学术见解、撰写的博客、在社交媒体上发表的科普作品或评论性文章,以及科研的"中间结果",例如研究述评、想法、实验设计等。[①]

---

① 邱均平,余厚强. 替代计量学的提出过程与研究进展[J].图书情报工作,2013(19):5-12.

　　在批判传统文献计量学的缺陷后,再加上各种社交媒体的兴起,2010 年美国学者杰森·普里姆(Jason Priem)引入了替代计量学(alternative metrics)这一全新的概念。替代计量学的核心思想是:建立一种囊括学术成果全面影响力的评价指标体系,尤其是基于社交网络数据的计量指标,以代替传统的仅仅依靠他引指标的定量科研评价体系。① 那么,何谓学术成果全面影响力? 一是学术成果的学术影响力。在替代计量学看来,科研成果不仅包括传统的论文、专著,还包括数据集、墙报、图像、源代码、媒体、视频和网页等;传统著述的引文反映的只是学术影响力一小部分,其他类型的科研成果(包括"网文")被阅读、分享、讨论、下载或链接的次数,同样构成了学术影响力不可或缺的内容。二是学术成果的社会影响力。大学教师开展学术研究的根本目的是追求真理、造福人类、促进社会发展。换言之,评判一个大学教师的学术成果,还要看其社会影响力。一项研究成果,公众能不能自由获取,公众感不感兴趣,公众能否理解,也成为评价一个教师科研成果社会影响力的一部分。替代计量学可以通过采集、捕获不同平台上非学术界人士对学术成果的利用,来衡量学者的社会影响力。②

表 2.2　传统文献计量与替代计量的比较

项目	传统文献计量	替代计量
评价内容	著作、论文	除著作、论文外,还包括数据、图片、PPT、软件、媒体、博客、视频、网页等
影响力	学术影响力	全面影响力(学术影响力＋社会影响力)

---

① 邱均平,余厚强.论推动替代计量学发展的若干基本问题[J].中国图书馆学报,2015(1):4-15.
② 余厚强,邱均平.替代计量指标分层与聚合的理论研究[J].图书馆杂志,2014(10):13-19.

续　表

项目	传统文献计量	替代计量
计量方法	杂志影响因子、被引总数、h指数、出版(发表)数量	新闻报告中提及的次数、政策文件的参考次数、社交媒体提及的次数、维基百科引用数
交流周期	论文(专著)发表(出版)周期较长,在3个月至3年不等	即时、随地,几乎没有发表周期
评审制度	同行评议,发表与否取决于少数专家意见(通常为2—4名专家),发表内容受到审查和限制	作者可以自由发表,能充分反映学者个性,其他人可以发表意见、评论,提出自己的想法和思考
交流模式	研究人员通过期刊这个第三方平台进行交流	研究人员可以通过社交媒体直接双向交流

(二)替代计量学的运用

那么,在替代计量学的视角下,如何追踪科研成果的利用情况以及影响力呢? 这背后需要不同类型的替代计量指标进行分层,然后根据程度的不同进行区分。我国学者余厚强等人就构建了替代计量指标分层模型。在传播层次,其逻辑顺序是"点击链接—社会网络"。

在此顺序中,基于社会网络的传播最具影响力。在获取层次,其逻辑顺序是"收藏—评级—订阅"。其中,订阅的获取黏性最大,意味着受众对该成果以及后续相关的研究成果充满兴趣。在利用层次,其逻辑顺序是"链接—讨论—摘用—引用"。其中,链接代表一种提及,讨论表示对该成果发表意见,摘用指在非正式场合下使用了成果中的知识,引用是最高层次的利用。[①]

在此基础上,余厚强等人总结了现有的替代计量指标及其数据来源。当然,这些不同渠道数据源的权重是不一样的。根据 Altmetric 公司的标准,其追踪的数据包含公共政策文件、主流媒体、在线媒体、在线文献管理平台、出版后同行评议平台、研究推荐平台(research

---

① 余厚强,邱均平. 替代计量指标分层与聚合的理论研究[J]. 图书馆杂志,2014(10):13-19.

highlight)、维基百科、博客、社交媒体、多媒体和其他在线平台。① 替代计量注意力分数(altmetric attention score)基于自动算法,赋予一项科研成果的获得注意力的指标权重(见表 2.3)。

表 2.3　替代计量指标不同数据源的权重

数据来源	权重
新闻	8.00
博客	5.00
推特(Twitter)	1.00
脸书(Facebook)	0.25
新浪微博(Weibo)	1.00
维基百科(Wikipedia)	3.00
政策文件	3.00
问与答(Q&A)	0.25
F1000/Publons/Pubeer	1.00
视频网站	0.25
领英(LinkedIn)	0.50
开放教学大纲(Open Syllabus)	1.00
谷歌+(Google+)	1.00

资料来源:Altmetric Attention Score. How is the altmetric attention score calculated?[EB/OL].(2019-07-29)[2021-10-21]. https://help. altmetric. com/support /solutions/articles/6000060969-how-is-the-altmetric-attention-score-calculated.

(三)替代计量学的价值

随着政府和资助机构日益要求大学教师展示其科研成果的社会影响力与实用性,以及网络社交媒体兴起,替代计量学迅速得到大学、科研资助机构以及出版商的高度重视,并促使一些高校和研究机构反

① 余厚强,Bradley M. Hemminger,肖婷婷,等.新浪微博替代计量指标特征分析[J].中国图书馆学报,2016(7):20-36.

思与改革现有的学术评价系统。

需要指出的是,针对替代计量学用于科研评价,一些学者持否定的意见。例如,有学者认为,替代计量学强调的是学术成果的受关注度和受欢迎度,但注意力不是影响力,这会导致替代计量指标缺乏合法性,资料收集存在局限性。① 也有学者认为,在使用替代计量指标时,存在学科差异,而且替代计量指标(如社交媒体点击量)可能主要反映了公众对某个学术作品的兴趣度和讨论度,而未必是其社会影响力。② 但瑕不掩瑜,况且很多学者的批判是建立在对替代计量学概念与理论框架缺乏真正理解的基础之上。此外,随着替代计量学本身的不断完善,以及替代计量数据质量评估体系的不断优化③,可以预见,替代计量学将会在未来的学术评价体系中占有一席之地。更为重要的是,替代计量学,不仅可以评估传统学术论著的社会影响力,而且可以评估"网文"的影响力。

第四节 "网文"内在的价值意蕴

"网文"纳入学术评价体系,除了以上外部因素外,还与"网文"的内在价值紧密相关。尤其是在"破五唯"的背景下,"网文"本身的价值越来越凸显出来。

---

① Sugimoto C R. "Attention is not impact" and other challenges for altmetrics [EB/OL]. (2015-06-24)[2021-10-21]. http://exchanges. wiley. com/blog/2015/06/24/attention-is-not-impact-and-other-challenges-for-altmetrics/#comment-2097762855.

② Sugimoto C R. Scholarly use of social media and almetrics: A review of the literature[J]. Journal of the Association for Information Science and Technology, 2017(9): 2037-2062.

③ 余厚强,曹雪婷. 替代计量数据质量评估体系构建研究[J]. 图书情报知识,2019(2):19-27,50.

一、促进大学教师的潜能发挥与职业发展

当前,不论是在研究为主型大学,还是在教学为主型大学,对教师职业表现的评价均呈现出明显的一致性倾向,即把科研项目和论文(专著)发表(出版)情况作为职称晋升、评奖评优的关键指标。审计文化和绩效管理则使得这种倾向愈发严重:在许多高校,教师每年都会被强制要求完成一定的工作量(例如,1年至少要发表1篇中文核心期刊论文)。如果没有完成基本的工作量,该教师极有可能面临降级、转岗乃至解聘的危险。高校的这种功利性做法,于那些对学术异常痴迷、抱有强烈内在驱动力的极少数教师可能是恰当的,但没有考虑到大部分教师的天赋、兴趣与才能,要求所有教师在一定期限内发表或者出版固定数量的论文或专著,恐怕就不太合适了。它不仅会给大多数高校教师带来沉重的工作负担和精神压力,而且会严重束缚和限制高校教师多种多样的才华与天赋,不利于其潜能得到充分的展示。毕竟,不是所有高校教师都适合做科学研究,也不是所有高校教师对科学研究都抱有强烈兴趣。

我们在现实生活中可以发现:有些高校教师讲课水平极高,且有自己独到的心得体会(教学的学术);有些高校教师在科研成果转化和创新创业(应用的学术)方面做得很成功,例如一些教师的科研成果转化为社会贡献的财富高达数亿元;有些高校教师在公共传播或科普写作("网文"的一种)上具有过人的天赋,例如厦门大学教授易中天在中央电视台《百家讲坛》讲述的三国历史曾吸引了无数观众。显然,高校对于在非科学研究方面取得不俗成绩的教师,如果能同那些在科学研究工作中表现出色的教师给予同样力度的支持和奖励,将能够促进这些教师全面发挥自身优势和展示自身才能,从而朝有利于自身学术生涯发展的目标迈进。推动"网文"纳入学术评价体系,无疑有利于部分

在此方面有创作天赋的高校教师实现自我抱负与自我价值。

高校教师的生涯发展存在阶段性。哥伦比亚大学李·涅菲坎普(Lee Knefelkamp)教授就用季节来比喻高校教师的职业生涯发展过程。她认为,为了防止自身陷入职业倦怠和停滞不前的境地,高校教师没有必要遵循整齐划一的节奏。相反,高校教师可以在学术生涯发展的不同阶段变换个人的志趣,多次调整其工作的重心和展现才能的舞台。为此,高校应为教师准备灵活多样的生涯发展路径,鼓励教师在漫漫的学术生涯路途中,根据自己的状态和目标转移与改变发展重心。[①] 显然,推动"网文"纳入学术评价体系,等于是给高校教师额外铺就了一条职业生涯发展路径。不妨大胆设想,在"网文"得到高校充分承认的背景下,如果有高校教师在学术生涯的某个阶段不想再"埋首故纸堆",那么他就可以毫不犹豫地转换工作的舞台,把时间与精力投入到"网文"创作中来,借此新的手段传播个人研究发现和学术观点,彰显自己的社会价值。

高校教师在其职业生涯发展中,存在着一种"效用最大化"的倾向,即当教师进入特定职业发展阶段后,如取得终身教职或赢得全国性乃至全球性的声望,学术成就(如论文发表、科研基金等)的边际效应会越来越小,他有可能会选择校内外的其他工作(如行政管理、对外咨询)以获取包括声望在内的更多收益。这一倾向不仅适用于学术能力突出者,而且对于那些学术能力不太突出、自感不太可能实现早期制定的生涯目标(例如成为学科领域的著名学者)的教师,更是如此。他们通常不再以学术研究为核心,而是追求新的目标与认同,重新调整生活与工作的重心。有些教师可能会选择其他类型的岗位(如教学

---

① Knefelkamp L. Seasons of Academic Life[J]. Liberal Education,1990(3):4.

岗），有些教师可能进入科层化体系，选择成为行政管理人员。^① 显然，推动"网文"纳入学术评价体系，并设置相应的岗位，具有双重的作用：一是对于那些已经声名显赫、无须依赖论文发表的大学教授，等于是提供了另外一条提升个人影响力的正当途径^②；二是对于那些科研产出上相对不太丰富的教师，等于是提供了另外一条更适合自身成长与晋升的路径。

二、完善和深化传统的科学研究

传统的科学研究是科研工作者按照特定的研究范式和路径展开的，多强调实证分析、逻辑自洽以及理论完备。然而，无论是基于实验室开展的科学研究（硬学科），还是基于田野调查展开的研究（软学科），都会出于方法论、情境性以及研究者自身素养等多方面的原因，在分析、阐释或解决问题时，存在解释力不足甚至是严重失真的状况。在自然科学领域，科研工作者经常面临的一个问题是实验结果难以复现。这一事实相当程度上说明了许多科学知识与发现，或许并非如我们想象的那样具有普遍性、客观性，而是依赖于特定的条件。相比之下，人文社会科学知识的局限性就更为醒目，背后一个原因是人文社科的文化性和情境性更强。香港中文大学讲座教授郑永年就指出，中国学术界存在一个极易被人忽视的现象，即有效知识供给不足。尽管国内许多学者拥有博士学位，但获得的知识多为西方进口而来的书本

---

① 阎光才.象牙塔背后的阴影——高校教师职业压力及其对学术活力影响述评[J].高等教育研究,2018(4):49-58.

② 当前,学术界对学术的理解仍然是传统的、狭隘的,一个最经典的案例是美国著名天文学家和科普作家卡尔·萨根(Carl Sagan).他不仅拥有很高的学术成就,还出版过大量的科普作品、科幻小说,制作过揭示宇宙奥秘的纪录片.然而,他却受到同行明里暗里的排挤和耻笑,失去了很多重要的学术机遇:20世纪60年代,没有得到哈佛大学的终身教职;20世纪90年代,申请美国科学院院士又被拒之门外.排挤他的理由很简单:他花在科普上的时间超过研究,而科普并不算学术成果.

知识,而不是源于中国实践经验的知识。这些学者熟知西方学术界的概念,但对中国的实际情况则是一知半解。有效知识供给不足的情形如果不做出重要改变,中国社会与经济领域的实践将会缺乏有效的指引,甚至有可能走向歧途。①

推动"网文"纳入学术评价体系,鼓励高校教师创作"网文",一定程度上能够改变传统科学研究中解释力不足或严重失真的问题。这是由互联网内在的平等性、民主性、开放性和便捷性等性质决定的。一种理论在没有完全成熟之前,或者一种想法还没有形成正式发表的论文之前,如果通过"网文"的形式进行广泛的传播,极有可能收到内行与外行大量的反馈意见。这些反馈信息有些可能是积极的,有些可能是负面的,但无论是哪一种,都能发挥一种公共同行评议(public peer review)的作用,为后续的深化研究提供更多的素材、启迪和借鉴。同时,这彰显了知识民主的理念,即不是只有高校教师才是知识创造者,社会公众同样拥有自己独特的经验和智慧,他们借助互联网也可以加入到知识的生产过程中去。②

除了吸收各界的反馈外,高校教师还可以通过网络社交媒体,主动与不同的反馈者进行友好的沟通和对话,以进一步澄清与深化对特定问题的认识和理解。③ 英国开放大学知名心理学教授梅格·巴克(Meg Barker)对此说道:"传统的论文发表强调的是一种'完美无缺'的产出(通过吸收若干同行的评审意见)。论文一经发表,个人很少能

---

① 郑永年.有效知识供给不足已经严重制约了改革成效[EB/OL].(2016-01-27)[2021-10-21]. http:// zhengyongnian. blogchina. com/2914419. html.

② 李明龙.当代中国最需要反省的群体就是知识分子[EB/OL].(2018-09-18)[2021-10-21]. http://www. sohu. com/a/4462324_700664.

③ 对于这一点,我们深有体会。我们曾在微信公众号"知识分子"上发表过一些关于师生关系、学术不端等的文章。这些文章阅读量多的达到10万+,评论数量多的有上百条。评论者既有大学教师,也有一般的社会公众,其中,不少评论就填补了我们的认知盲点——不得不承认,群众的智慧是无穷的,很多问题是我们原先根本没有想到的。这些反馈意见都将有助于后续研究的深化。

得到进一步的反馈意见。相比之下,我更喜欢通过博客这种更为自由的方式进行交流,它不需要追求完美,任何对某个议题感兴趣者都可以围绕着这个主题自由、灵活地开展对话……我想表达的是:对于高校教师而言,撰写博客是一种社会服务活动,借此公众可以更容易地获取和理解我们的学术观点与研究成果。但同时,博客同样可以成为学术研究的绝佳起点,因为它可以帮助我们获悉公众对哪些话题更感兴趣,以及他们如何认识和评判这些话题。"[①]正是在这层意义上,美国学院与大学协会(Association of American Colleges and Universities)主席卡罗尔·施耐德(Carol Schneider)说道:"你可以画一个横放的数字8。其中,左边的圆圈代表传统的科学研究,右边的圆圈代表面向公众的学术创作。一个理想的高校教师的学术生涯,应该在这两个圆圈之间来回穿梭,因为左边圆圈的学术工作将会因为右边圆圈的工作得到丰富、深化和完善,反之亦然。然而,现在的主要问题是,高校仅扶助和奖励左边圆圈的学术工作。"[②]

三、减轻学术评价中"唯论文"束缚

随着全球范围内高校竞争越来越激烈,以及高校内部管理主义和审计文化的引入,高校教师的学术生产力(主要表现为论文发表与专著出版)日渐成为其考核与评估的关键指标。那些没有在规定时限内发表论文或出版专著的高校教师往往被视为不成功者不合格者,进而面临着巨大的考评压力与精神压力。在我国学术界,高校教师的科研评价标准甚至异化成"唯论文""唯课题"是举。这种高度功利化的、单

[①]　Jacobson A. What does a blog count for[EB/OL]. (2012-04-12)[2021-10-21]. https://feministphilosophers. wordpress. com/2012/04/14/what-does-a-blog-count-for/.

[②]　Ellison J, Eatman Timothy K. Scholarship in public: Knowledge creation and tenure policy in the engaged university[R]. Davis: Imagining America, 2008: 16.

一化的学术评价机制不仅抑制了高校教师多方面的兴趣与才能的发挥,而且极易滋生学术不端、学术腐败等有悖学术操守与师德师风的行为。更为棘手的是,这种"唯论文""唯课题"是举的学术评价制度"使得高校陷入人文精神涣散、教师人际关系异化、学校工作生态恶化的危险境地"[①]。针对这些问题,2018年10月24日,教育部、科技部、人力资源社会保障部等5部门联合发文,要求开展清理"唯论文、唯职称、唯学历、唯奖项"(后来又纳入"唯帽子")专项运动,改进和完善人才评价制度。显然,破"唯论文"是"破五唯"的关键所在,因为假如没有"论文",个人的"职称""学历""奖项""帽子"将缺乏坚实的根基。那么,究竟如何才能有效破除高校教师考核评价中"唯论文"的导向偏差问题呢?

针对这个愈演愈烈的问题,不同专家学者提出了许多有益的治理策略,如推行学术代表作评价制度、设立多元评价人才制度、确立教学学术理念、设置社会服务型与成果转化型教授,等等。这些破除"唯论文"弊病的建议无疑都具有重要的参考价值,其背后的核心思想是人才的分类评价制度。作为一种有益的补充,推动"网文"纳入学术评价体系显然亦可作为一种有效破除"唯论文"紧箍咒的尝试。毕竟,不是所有类型的高校教师都热衷于写作与发表学术论文。更何况在目前"唯论文"的大环境下,很多高校教师写出来的学术论文带有功利性目的,或为了职称晋升,或为了完成年度考核任务,或为了评优评奖,或为了课题结项。这种情况导致很多论文失去了理论价值与社会意义,变成了毫无意义或意义甚微的平庸之作。国内有学者甚至认为,即便把我国90%的论文砍掉,也丝毫不会影响学术生态的维持与社会发展的进步。但问题是,当前的学术评价机制使得绝大多数高校教师不得

---

① 操太圣."五唯"问题:高校教师评价的后果、根源及解困路向[J].大学教育科学,2019(1):27-32.

不投入到这场"全员学术""全员论文"的运动之中,哪怕很多人抱着痛苦的心态。① 总而言之,"网文"作为传统论文的替代或者说补充,不仅有利于发挥一部分高校教师的才能,而且有利于改变当前学术论文太多(有价值的论文当然是越多越好,但问题是很多论文根本没有存在的价值)的现状,有利于高校教师摆脱"唯论文"的束缚。

四、推动高校教师直面社会现实问题

在当前的教师评价机制下,高校教师需要尽可能多地、尽可能快地发表论文。在同行评议杂志发表论文,尤其是在影响因子高的期刊发文,已经成为考核高校教师的一个核心指标。至于这些发表出来的论文有没有人仔细阅读,有没有对社会发展起到积极的作用,就显得无关紧要。② 事实也的确如此,高校教师辛苦写出来的许多论文并没有对社会现实问题的解决产生多大的正面影响。康奈尔大学费尔·戴维斯(Phil Davis)教授对此就指出:"大多数论文宛如无人问津的垃圾,静悄悄地躺在废弃的工地之中,自始至终都无法引起他人的注意。"③第一,在巨大的考核压力下,高校教师为了尽快发文,越来越倾向于建立理论模型、追求小而深的研究课题,即一些人批判的"螺蛳壳里做道场"。由于沉浸在既有的学术视野中,许多高校教师对社会问题缺乏足够的关照、敏感和预见。哈佛大学前校长德里克·博克(Derek Bok)就指出,高校教师作为知识精英分子,具有独立的思想、自由的意志以及深厚的专业知识,理应成为我们这个社会的卫道士,就公众没有发现的一些紧迫问题发出警示信号。然而,很少有高校教

---

① Altbach P, de Wit H. Too much academic research is being published [EB/OL]. (2018-09-07) [2021-10-21]. https://www.universityworldnews.com/post.php? story=2018090509520357.

② Biswas A K, Kirchherr J. Prof, no one is reading you[EB/OL]. (2015-04-11)[2021-10-21]. http://www.straitstimes.com/opinion/ prof-no-one-is-reading-you.

③ Mandavilli A. Trial by twitter[J]. Nature, 2011(469): 286-287.

师能成功地做到这一点。他们与公众无异,无法提前发现一些潜在的社会问题,并将这些问题告诉公众以引起注意与警觉。[①] 第二,即便少数高校教师在其论文或专著中对某个社会问题提出了真知灼见的见解和具有可行性的解决之道,但由于出版商的垄断,普通公众、政策制定者以及一线从业者很难轻易地获取专家的智慧。第三,论文中充斥的各种各样的理论模型、专业术语、数学符号以及动辄上万字的篇幅,足以让普通阅读者敬而远之,失去阅读的兴趣。

为了促使高校教师的研究建立在真实的社会现实问题之上,除了强调要求把论文写在祖国大地上,还有一个办法就是推动"网文"纳入学术评价体系。由于"网文"是直面公众、服务于公众的,把"网文"纳入学术评价体系能间接地促进高校教师密切联系群众。我们知道,论文是高校教师的"一种集体性想象的建构"[②]。这种依赖想象的建构可能反映了真实的状况,也可能完全是一种虚构,但不论怎样,它只要为同行所理解和认可,或能够予以实证意义上的证明,就被认为是得到承认的、有意义的。但显然,"网文"的创作不同于论文的生产,它很难通过简单的想象建构出来,因为"网文"主要的服务对象是公众,且"网文"质量好坏的关键评价者之一是公众。高校教师如果不深入群众、不深入基层,就很难获知公众在想什么,公众需要什么。高校教师如果只凭个人的纯粹想象,依照论文写作的范式创作"网文",是不太可能创作出有思想内涵的、充满生命力的且让社会公众受益的"网文"的。

此外,鉴于"网文"的阅读和受益对象主要是普通公众,因此就不能用太深奥、太复杂、太术语化的沟通方式呈现高校教师个人的思想

---

① Bok D. Universities and the future of America[M]. Durham: Duke University Press, 1990: 105.

② 阎光才. 人类社会的想象建构与当代社会科学的困境[J]. 探索与争鸣, 2017(1): 12-17.

观念和研究发现。毕竟,公众的知识水平和专业知识有限,许多人对数学符号或专业术语缺乏足够的理解。这就要求高校在创作"网文"时,用通俗易懂的语言来呈现内容。用毛泽东的话来概括就是:"要写通俗的文章,要用劳动人民的语言来写。"①显然,一个高校教师想要洞悉"劳动人民的语言",就需要走出图书馆,走出实验室,走进普通公众的日常生活,加入到芸芸众生的争辩中去。再用毛泽东一句耳熟能详的话即是:"从群众中来,到群众中去。"②

五、提升教师及其所在高校的社会声誉

为什么说"网文"纳入学术评价体系,能够提升高校以及教师自身的声誉和形象?

显然,当高校教师满足于做一个纯粹的、书斋式的学者,只发表传统的学术论文或出版专著,而不就普通公众关心的各种现实问题发表个人的专业见解,难免会给公众留下这种不好的印象:高校教师贵为知识分子,但缺乏强烈的社会责任感,缺乏对社会公平正义的终极关怀,对不住知识分子这个称呼。一旦高校教师形成了这样的公众印象,自然很难赢得公众的信任,很难建立起广泛的社会声望。相反,当高校教师能从狭隘的"论文人"③的角色中跳出来,花费适当的精力面向公众创作"网文",无形中向普通公众传达了这样一种良好的形象:高校教师并非不食人间烟火的研究人员,而是一名真正的公共知识分子,具有很强的社会责任感和道德感。

高校教师建立了良好的社会声誉,往往能促进教师自身的职业发

---

① 毛泽东. 在杭州会议上的讲话[EB/OL]. (2018-08-19)[2021-10-21]. https://www.marxists.org/chinese/maozedong/1968/5-172.htm.

② 毛泽东. 关于领导方法的若干问题[EB/OL]. (2019-07-15)[2021-10-21]. http://dangxiao.fudan.edu.cn/3d/7e/c7874a81278/page.htm.

③ 李凌. 千万别做"论文人"[N]. 光明日报,2021-05-11(15).

展。例如,俄亥俄州立大学(Ohio State University)医学院大卫·斯杜库斯(David Stukus)博士是一名研究儿科过敏的专家,2013年他注册了个人的推特,一开始的目的是消除网络上有关过敏的各种错误观念。最初,他的目标人群是各种过敏症患者及其家长。但令他意想不到的是,除了患者,不少主治医师、研究人员以及一些同行也开始关注他的推特。除此之外,斯杜库斯博士还在个人推特账号上与同事互动,发布最近的学术会议信息,点评学术期刊上发表的最新研究成果,参与在线的学术对话。斯杜库斯在社交媒体上的积极参与最终对他个人的生涯发展起到了促进的作用。不出几年,他就因为在推特上的持续努力获得同行和相关专业机构的高度认可。他先后接受几十家国内外媒体的采访,并被赫赫有名的赫芬顿邮报(Huffington Post)①邀请写专栏文章。总之,他在社交媒体上付出的努力帮助他在全国范围内建立了人脉、资源与学术声誉,并为他日后的生涯发展提供了他人所没有的机遇。②

同样,当高校把提升各大排行榜名次作为办学目标,把论文产出作为评价教师的核心指标,高校本身的使命与宗旨极有可能会被严重扭曲和偏离。如此下去,政府与公众对高校的信任极有可能被削弱,高校的社会声誉会进而遭到连累。因为当下无论是各级政府还是普通公众,都日益要求高校加强与社会的联结,把解决当前社会面临的紧迫性问题、促进社会发展作为其核心办学使命之一。参与型大学(engaged university)与参与型学术("网文"属于其中的一种)等概念的提出,就反映出政府与公众的呼声。而且,这些概念经过将近30年

---

① 赫芬顿邮报是北美最受欢迎的在线媒体之一,月访问量最高达2亿次。

② Chan T M, Stukus D, Leppink J. Social media and the 21st-century scholar: How you can harness social media to amplify your career[J]. Journal of American College of Radiology, 2017 (9): 142-148.

的发展,日益深入人心。哈佛大学奥斯卡·韩德林(Oscar Handlin)教授就指出:"我们多灾多难的星球,再也承担不起象牙塔式的研究了,那是一种奢侈……对于高校及其教师而言,学术成果的价值不能再由一种为了学术而学术的观点来评判,而应当由其全国乃至全世界所提供的服务来证明。"①显然,把"网文"纳入学术评价体系? 这以此鼓励高校教师走近公众、为公众创作贴近现实生活的"网文",是高校突破象牙塔、承担社会公共责任的写照,有利于塑造高校的社会形象与品牌,有利于提升高校的社会声誉,进而赢得政府与公众的信任和支持。

第五节　小　结

"网文"何以纳入学术评价体系? 这绝非仅仅出于政府高层的"行政命令",背后有着一系列深刻的理论依据。首先,学术内涵的扩展。历史地看,"学术"的内涵是不断变化的、不断丰富的。随着网络社交媒体的兴起,大学教师基于个人专业知识的公共传播(即"网文"),也被当作一种合法的学术得以承认。其次,知识民主理念的兴起。按照这一理念,知识生产的类型(即知识的表征方式)是多种多样的。除了规范的印刷文本、同行评议的杂志论文、图书之外,还包括博客、推特和在网页上存在的数字内容,甚至是诗歌、雕塑、图片、行为艺术、舞台剧等。再次,学术评价机制的嬗变。一方面,非学术影响评估逐渐在全球兴起。在这一评估框架下,大学教师在公共媒体上发布的作品,只要对公众和社会产生影响,就可以考虑纳入评估的体系。另一方

---

① Bok D. Universities and the Future of America[M]. Durham: Duke University Press, 1990: 103.

面,替代计量的兴起为评估大学教师个人的社会影响力提供了途径。

最后,"网文"纳入学术评价体系的内在价值。综合来看,推动"网文"纳入学术评价体系,无论是对于作为个体的教师,还是对于作为组织的高校,都有正面的作用。这一政策能够促进高校教师的职业发展和潜能发挥,深化和完善传统的科学研究,减轻教师评价中的"唯论文"束缚,推动高校教师直面社会真实问题,以及提升大学的社会声誉。

第三章 国外"网文"纳入学术评价 体系的实践

随着学术内涵的扩展、知识民主理念的兴起、学术评价机制的变革、网络社交媒体的兴盛以及"网文"潜在的多重价值,作为一种新兴事物,"网文"在国外学术界日益受到重视。在"网文"纳入学术评价体系的行动当中,不仅学术协会在大力倡议,而且一些高校也在身体力行。此外,国外一些学者就如何更好地把"网文"纳入学术评价体系,也提出了个人的实施路径。当然,这并不意味着该行动一帆风顺,相反,它面临着相当的阻力与挑战。

第一节 国外学术协会的倡议

每个学科领域都有自己的学术协会,这些协会发挥着指引学科发展、设立学科评价标准、确立研究导向以及推动学术交流等多重功能。纵观全球高等教育,在推动"网文"纳入学术评价体系的探索过程中,美国的学术协会走在世界前列。本节将主要介绍北美医学协会、美国社会学协会以及美国人类学协会等有关"网文"纳入学术评价体系的指导意见。

一、北美医学协会的倡议

随着各种网络社交媒体的迅猛发展,美国越来越多的临床医师教育工作者(clinician educator)开始使用社交媒体来创作和传播他们的成果,从而更好地让医学创新与发现被更多的民众获取、理解和利用。由此产生了一些问题:如何合理地评价这些基于社交媒体的活动与创新?这些活动能否构成学术?

美国胸内科医师学会(American College of Chest Physicians)、美国老年医学学会(American Geriatrics Society)、美国急诊医学学会(Society for Academic Emergency Medicine),以及美国普通内科学会(Society for General Internal Medicine)都曾探讨过社交媒体与学术评价机制创新的话题。其中,又以 2014 年召开的"国际住院医师教育会议"年会影响最为深远。此次年会发布了由多名医学专家共同撰写的大会报告:《健康专业教育中基于社交媒体学术的评判标准》。报告指出,当下越来越多的医生和医学研究者开始使用社交媒体进行科学研究、教育教学、临床护理以及卫生保健科学知识的传播。如果按照传统的评价机制和学术观念,医学工作者的这些努力都称不上学术。然而,随着替代计量学的提出,我们过去有关学术的观念需要做出改变。那么,在健康专业教育中,如何定义和评价基于社交媒体的学术?这份报告提出了一个初步的框架(见表 3.1)。[①]

① Sherbino J, Arora V M, Van Melle E, et al. Criteria for social media-based scholarship in health professions education[J]. Postgraduate Medical Journal, 2015(1080): 551-555.

表 3.1　定义和评价基于社交媒体的学术的共识声明

元素	共识声明
定义	原创的; 在理论、研究或最佳实践的基础上,促进健康专业教育领域的发展; 可存档和传播(be archived and disseminated); 赋予公众评论的权利,并提供反馈(要求透明)以求更广泛地讨论
过程	文章作者署名的判断应基于国际医学期刊编辑委员会(International Committee of Medical Journal Editors)制定的标准①
对教育共同体的影响	要有证据表明基于社交媒体的学术经过严格透明的评价; 学术创新成果有潜力迅速、广泛地影响健康专业教育共同体; 在保护知识产权的同时,学术创新成果应能最大限度被公众获取
对学者的影响	多种评价指标,包括替代计量指标,应纳入基于社交媒体学术的传播与影响的分析之中; 健康专业教育共同体应拥护基于社交媒体的学术,并把它作为一种合法的学术追求

资料来源:Sherbino J, Arora V M, Van Melle E, et al. Criteria for social media-based scholarship in health professions education[J]. Postgraduate Medical Journal,2015(1080):551-555.

这份报告尤其强调以下几点:第一,基于社交媒体学术的评价。传统的同行评议只代表了极小一部分终端使用者的个人意见,而社交媒体提供了一系列不同的传播渠道,借此能获得各种不同终端使用者公开、透明和严格的评价。如此,能克服同行评议中的偏见和不足,从而获得某种程度上的评价饱和(appraisal saturation)。

第二,基于社交媒体学术的开放获取问题。当下,医学教育免费开放获取运动(free open access medical education movement,FOAM)方兴未艾。这股运动背后的哲学理念是:高质量的医学教育资源可以而且应该被所有医务工作者免费获取,尤其是那些医学教育工作者。

---

① 舍宾罗(Sherbino)等人指出,社交媒体内在的合作性质会带来多个作者的问题,这个时候可考虑传统杂志的做法,依据其贡献,确定作者的排名。另外,电子媒体虽然承认匿名或假名,但基于社交媒体的学术需要真实的身份,以承担责任和享受荣誉。

社交媒体的开放性将极大地促进健康知识的自由获取。当然,健康专业教育共同体的需求与作者的知识产权之间必须维持一个适当的平衡。

第三,基于社交媒体的学术的影响力。传统的学术影响力评价方式主要基于论文发表所在期刊的影响因子以及他引次数。基于社交媒体的学术通过引入新的传播渠道和影响力替代计量方法,改变了这一传统模式。一种衡量影响力的路径是 re-aim 框架,即影响范围(reach)、效能(effectiveness)、采纳(adoption)、执行(implementation)以及维持(maintenance)。[①] 其中,影响范围指基于社交媒体的学术所影响的人群范围,它可以用替代计量办法来衡量。效能指的是基于社交媒体的学术在多大程度上影响个体的实践。例如:一个致力于教学理论的博客,有没有增加医学教育工作者在此方面的知识? 采纳指的是个体或组织采纳社交媒体学术的情况。例如:那些使用博客的医学教育工作者的人口特征是什么? 执行指的是现实生活中利用社交媒体学术的程度。维持指的是社交媒体学术制度化和支持使用情况。例如:某学术博客创立后,是否经常更新,有没有新用户访问这些博客?[②]

二、美国社会学协会的倡议

在 2016 年召开的美国社会学年会上,发布了大会报告:《什么算数? 评价终身教职与晋升中的公共传播》。该报告指出,公众日益要求从事社会学研究的专家学者利用各种传播工具介绍其研究发现与

① Glasgow R,Vogt T,Boles S. Evaluating the public health impact of health promotion interventions：The RE-AIM framework[J]. American Journal of Public Health,1999(9)：1322-1327.
② Sherbino J,Arora V M,Van Melle E,et al. Criteria for social media-based scholarship in health professions education[J]. Postgraduate Medical Journal,2015(1080)：551-555.

成果,并为解决当前紧迫的社会问题贡献自己的智慧。在这种背景下,高校教师的目光不能仅仅停留在传统的学术论文发表上,而且需把部分时间与精力投入公共事务领域。由于社交媒体在公众生活中将扮演越来越重要的角色,高校教师应学会充分利用这一传播媒介。但显然,高校教师想要做好公共传播这一工作,就需要花费不少的时间和精力。因此,高校应重新认识教师的公共传播在教师评价和绩效考核中的作用。

该报告的第一部分为"定义"(definition)。报告指出,社交媒体和大众传播的使用可视为传统的科研、教学和服务的横切点(cross-cutting)。社会学家可以在专栏上展示其最新研究发现,也可以撰写博客以影响公共政策争论。同样,社会学家也可以在教学中使用不同形式的社交媒体,以更有效地把社会学资料传递给学生。此外,社会学家还可以使用社交媒体以方便其不同形式的服务活动。但报告关注的核心是:社会学家使用社交媒体和其他形式的大众传播手段来传播其研究发现。

报告的第二部分为"一般原理"(general rationale)。报告指出,所有形式的公共参与和传播的目的是推动社会学新知识的流传。即便一个人认为,最好的研究是不带任何外在功利目的的,但这些成果往往蕴含着智慧,会对个体和社会群体的生活产生影响。随着电子形式的媒体的兴起,对可自由获取的学术信息的需求猛增。那么,这一转变对学者如何开展研究以及把其研究结果传播给其他学者、学生以及大学外部感兴趣的公众带来了哪些启示意义? 尤其是,诸如此类的活动在教师晋升与终身制的决定当中,究竟扮演什么角色? 为此,该报告力求为以下四大主要受众提供信息和指导:(1)晋升与终身制委员会;(2)等待晋升与争取终身制的候选人,尤其是年轻教师;(3)"新社交媒体的守门人",他们掌控社交媒体网络的入口;(4)社会学共同体。

报告的第三部分为"赞成的意见:社交媒体和大众传播的益处"。报告指出,美国社会学协会的一个核心目标是把研究发现与公共参与结合起来。相比于传统的学术出版物,社交媒体使得这些研究发现更容易为公众获得。具体而言,社交媒体和大众传播的益处包括:

第一,促进教师职业的发展,尤其是年轻教师的发展。大学教师的公共参与,可以带来以下有益的结果:建立专业网络的联系;向更广范围的受众分享信息;及时地传播信息;在与他人的虚拟对话中产生新思想;获得反馈以提升研究;绕过传统的"学术守门人";为教学创造一手的资料;等等。

第二,提升公平性。确立正式的大学教师公共参与标准,将会提升学术评价的公平性。因为没有一个明确的标准,无疑那些拥有丰富资源的个人或机构在评价上会占尽优势,而女性、少数族裔以及其他非核心机构将会处于劣势地位。

第三,加强负责任的监管(promoting responsible stewardship)。社会学家通过不同媒体影响公众时,应持一种负责任的态度,而评价标准可以带来负责任的监管。虽然公共参与能扩大研究工作的影响,但只有最高质量的工作才应得到鼓励。

报告的第四部分为"反对的意见:注意事项"。首先,少数族裔和女性在参与社交媒体活动时,更有可能遭遇负面评论、骚扰,甚至为此失去工作。大学行政人员在执行相关规定时,需要确保和守护大学教师的智力自由。

其次,在进行大众传播的过程中,大学教师能否遵守质量标准以及伦理准则。因为为了迎合媒体的趣味,很容易牺牲学术价值;或者为了大众兴趣,用一种简单的、误导的方式分析数据;或者为了吸引大众的注意力,牺牲原创性。

最后,可能会增加大学教师的负担。教师需要开展研究、进行教学和社会服务，这使得他们的时间普遍紧张。大众传播无疑会挤压教师的时间，因此，只有那些明显支持和有利于科研、教学、服务、专业发展以及维护公共利益的社交媒体活动，才应该得到鼓励。

报告的第五部分为"评价标准"。第一个标准是大众传播的内容。报告列出了五种内容的大众传播可以作为教师终身教职和晋升的材料：一是在社交媒体上发表的个人原创性成果；二是对某一特定研究领域所做的综述或评论；三是深度的、解释性的专栏文章；四是对某一社会问题所做的理性思考或理论解读；五是社会学研究在法律、实践以及政府政策制定等领域的运用。

第二个标准是大众传播的质量。首先，大众传播的严密性（rigor），即它有没有经过严格的同行评议或者类似于同行评议的过程。例如，《纽约时报》（New York Times）、《国家杂志》（Nation）这样的主流报刊，文章在刊发之前通常都需要经过一位或好几位编辑的认真审核。当然，一些新媒体出版物并没有严格的审核机制，但不能排除在上面发表的一些好文章。其次，大众传播的用语、时效性和指向性。由于大众传播的对象是公众、一线从业者以及政策制定者等，因此作者在发文时必须注意表达方式、格式与对方需求等。这就要求作者拥有不同于传统论文写作的表达技巧。最后，实践或政策启示意义。有效的大众传播通常要求作者把文章的实践或政策启示意义放在首位，因此文章在多大程度上成功地促进实践或政策制定，是衡量大众传播质量的一个标准。

第三个标准是大众传播的公共影响力。首先，阅读量，包括在社交媒体（微博、脸书等）的阅读量和分享量，是评价"网文"影响力的一个指标。这种评价方式通常对发表在知名度高的出版物上的文章有利，但同样不能排除一些发表在地方报纸或非主流出版物上的文章。在影响公共话语方面，这些文章可能具有同样甚至更重要的作用。其次,来自某一相关方的"证词"是衡量"网文"影响力的一个指标。教师在评聘和晋升时,可以把某一相关方的来信作为支撑材料。这些来信者包括政策制定者、非营利政策分析人员、工会领袖、社区群体或普通公众,他们要在信中写明文章如何影响其专业工作、政策调整或生活质量。最后,举证"网文"对哪些政策变革、实践变革和公共讨论的唤起产生影响,也是衡量影响力的一个办法。一般来说,社会变革是多种因素导致的结果,很难单独评判一个学者在其中的贡献。但是,出版物、学术圈外的争论等会透露学者的贡献。当然,最理想的情况是前文所提到的相关方的"证词",但必要时学者需要亲自解释他们的研究是如何影响政策和实践的。

报告的最后一部分为"结论"。报告指出,学系在教师的晋升与终身制的决策中,通常基于以下三个范畴的考量:科研、教学和服务。然而,公共参与包含许多形式,如常规的大众传播、数字学术以及社交媒体推广。致力于大众传播的社会学家可以依据三个范畴的评价标准,恰如其分地强调某一种形式的大众传播。或者一个更合适的方式是,学系增加第四个范围——公共参与,然后单独评价教师在此范畴的贡献。①

三、美国人类学协会的倡议

2017年,美国人类学协会发布了报告:《美国人类学协会终身教职与晋升评议指南:人类学中大众传播学术》。报告指出,大部分学术评价依赖既定的规范,即集中于学科和学术影响力,并认为一个学者的影响力是通过在同行评议的期刊发表论文、出版专著来实现的。但

---

① American Sociological Association. What counts? Evaluating public communication in tenure and promotion[R]. Washington: Final Report of the ASA Subcommittee on the Evaluation of Social Media and Public Communication in Sociology, 2016.

是,越来越多的学术开始挑战这一传统的界限。此外,在公共人类学(public anthropology)重要性和需求日增的背景下,学者被鼓励为公众写作,运用不同形式的传播手段,如非传统的写作方式、视频、音频、展览以及其他创新方式,向公众传递人类学知识。然而,一些终身制与晋升委员会不太清楚如何评价这些新形式的学术。该报告的目的就是为学校层面和学院层面的终身制与晋升委员会提供指南,以协助他们更好地评估全新的公共学术的质量。

报告的第一部分为"背景和原理"。报告指出,学术是知识的生产与传播。新媒体与技术的发展为学者创造与传播研究发现和知识提供了全新的机会。事实上,学院和大学日益要求教师展现他们的公共参与,在关键的社会议题上和政策争辩中启发公众。这就要求大学教师从事各种公共形式的学术,即公共学术。所谓公共学术,是指一种非学术公众和学术公众的对话,可以推动某一学科知识与发现的洞见和价值向学术界外传播。

当下,学者、政策制定者、学生、社区领导、严肃的纪实作品(serious nonfiction)读者以及大量的普通公众正通过博客、推特、部门与个人网页、印刷和在线新闻媒体、特定学科的新闻媒体、开源杂志以及不同种类的非学术图书获取学术知识和信息。这些媒体在生产和传播人类学知识中扮演了日益重要的角色。当下,它们在研究输出、课程设置、服务、群众活动中,具有不可或缺的地位。

那些参与公共形式的写作、出版和传播的人类学家,对人类学这门学科做出了有价值的学术贡献。因而,把这些工作纳入教师的个人简历当中是合适的。如何恰当地评价他们的这些努力,成为学术共同体需要面对的问题。报告期望能够给大学教师、系主任、院长、终身制与晋升委员会、外部评审专家,以及传统与非传统的出版者、编辑和管理者,带来积极的作用。

报告的第二部分为"宗旨和目的"。该报告基于博耶的四种学术,指出人类学知识生产包含四个领域(发现的学术、综合的学术、应用的学术和教学的学术)。确认学科知识生产的宗旨和目的是有用的,因为大学和学系需要考虑如何评估新的、公共形式的学术以及传统形式的学术。

报告的第三部分为"终身制与晋升指南:学术评价"。报告指出,在学术评价标准上,所调查的 26 所高校并无统一结论。对于公共学术、电子出版物以及非同行评议写作,超过一半的高校(26 所中的 14所)认为有一些或巨大的价值。这些高校在其终身制与晋升指南中,通过不同方式彰显了公共学术和其他形式的写作的价值。但同时表明,其他形式的传播、写作和出版不会替代传统形式的学术,如专著和同行评议期刊上发表的论文。下文总结了这些高校在认可和评价新形式的公共学术上的显著做法。

第一,学术的形式。综合来看,公共学术的形式包括但不限于:电子学术传播(digital scholarly communication),如博客、电子文章或展出作品、门户网站(web portal)或网关(gateway)、在线参考书目等;经过鉴定和没有鉴定的开放获取期刊、纯网络期刊;教科书;经过鉴定和没有鉴定的普及性读物,包括非虚构小说、虚构小说和漫画小说;在大众媒体上发表的文章(在全国和国际范围内流通);译著;语言为非英语的图书;书评和影评;创造性的表演(如舞蹈、音乐、戏剧)、展品(exhibit)或艺术装置(installation);民族志摄影或纪实摄影,以及制作或导演的电影、视频;博物馆艺术装置和策展(curation);各种具有实质意义的报告;与社区群体的公共对话;公共的教学工作(pedagogical work);具有批判性设计和结构的教学大纲;等等。

第二,评价的方法。美国高校使用定性与定量相结合的方法来评价新形式的传播、写作和出版。定性的评价主要考虑:作品是否支持学系的使命和愿景;能否提升大学的声誉;能否突出学者的声誉;能否发展学生作为一名参与型学习者的能力;能否促进地方性、全国性和国际性媒体的公共对话;能否增进公共利益。

此外,作品评价考量的范围还包括:写作和研究的质量;发表平台的质量、声誉和分布;研究报告的数量和范围;研究与调查对学科领域的重要性。

定量的评价方法主要包括:赋予每个出版物和创造性工作绩点;计算出版物的字数,提出不同职级的最低字数要求(如晋升副教授累计发表作品字数不低于 2.5 万字,教授为 5 万字);考虑诸如页面浏览量等定量指标。

报告的第四部分为"促进公共学术的新技术"。报告指出,公共学术有助于学术知识的生产和传播,有助于人类学研究者及学科的发展。新的数字技术促进了公共学术在四个特定领域的贡献。

第一,传播人类学研究。数字技术使得学者们能够以前所未有的方式、速度和范围将其研究成果传播到世界各地。许多在线人类学网站都是开放访问的,全世界的读者都可以免费访问。其结果是,人类学的研究和著作现在的受众面比以往更广。这增加了公众对个体研究项目和结果的理解,增进了公众对人类学作为一门学科的国际意识的理解,加深了公众对人类学家的工作的认识,以及人类学的洞察力和分析在当今世界的重要性的了解。

第二,接触新的受众。在社交媒体、博客、协会网站、电子书以及播客(podcast)等数字平台上撰写和发表文章为人类学增加了新的受众,并帮助人类学以全新的、有效的方式接触长期受众。除了鼓励与其他人类学家进行对话与合作,数字技术还可以帮助学者们接触到新的研究对象,包括社会活动家、记者和政策制定者。

第三,建立社区,创造机会。新形式的在线写作和出版有助于将社区成员与学者联系起来,并帮助学者对其工作的社区和其写作的内容负责。数字技术也将学者与世界各地的同事联系起来,从而创造了各种可能,包括科研合作和新的研究项目,以及对个人工作的反馈。简短的在线论文通常也为组织会议小组、邀请客座讲座和同行评议文章播下了种子。

第四,转变人类学实践。数字技术的交流能力是变革性的。数字媒体以及在工作中使用音频、照片、无线电和视频的能力改变了我们交流什么以及和谁交流。随着我们在研究和日常生活中与同事、社区成员共享在线平台,我们对空间的理解发生了转变。而且,也许最关键的是,数字技术已经在这个领域内产生了一种新的响应能力。我们现在可以将人类学的知识和洞察力运用到事件的发展过程中,在当下做出反应(除了我们对这些事件进行同行评议的分析之外,这些分析将在 1—10 年之间随时随地应验)。这种即时的贡献建立在人类学知识的基础上,使我们能够在需要的时候展示人类学的严谨性和相关性。

报告的第五部分为"结论与建议"。报告指出,在 21 世纪,人类学学术的内涵已经扩大,这就要求以新的方式评估和评价这些以新形式生产与传播的学术,特别是为了终身教职与晋升。美国人类学会协会认可这些新的公共学术的重要性,无论它们是经过同行评议、编辑审核,还是没有经过同行评议;也认可它们增加和补充传统的同行评议出版物(论文与专著)的方式。美国人类学会协会建议大学、学院和系终身教职与晋升委员会审查它们现行的条例时,考虑以下几点:

第一,承认公共形式的传播、写作和出版作为学术的价值。这当中的一些学术成果涉及实验和冒险,或者需要快速反应。其中的一些工作对社区和公共参与至关重要。在许多情况下,它包括模糊研究、教学和服务之间的学术。该报告鼓励各部门熟悉这种新生态的写作和出版形式。

第二,明确阐述在人类学学术中,何为卓越的学术,以及把研究传播给不同公众,期望获得什么。要问的问题包括:在设计、内容和范围方面,学术性质是什么? 这项工作如何有助于学者、学系、学校和学科? 教师该如何在其简历中对不同形式的出版和学术活动进行分类?

第三,开发评估公共学术质量和影响的方法。可能是定量的方法(如网站访问量、页面浏览量、引用率等),也可能是定性的方法(如发表渠道、同行评议、外界反馈等),还包括诸如只接受邀请的出版物。此外,在评估线上学术时,这同样至关重要,即不能只考虑印刷形式的成果,而应根据作品的特色,考虑不同形式的成果。

第四,如有必要,为公共学术寻找有资质的评审者。一方面,具有资质的评审者可以是那些具有专业知识的专家;另一方面,在某些情况下,寻求外部社区和个体的意见可能是对传统的外部学术评议者(如理事会成员、社区组织、政府代表等)的重要补充。

第五,与学校其他部门建立联系,为评估公共形式的写作和学术以及评估它们的影响制定全校性的政策。国家科学基金会(National Science Foundation)的指导方针将有助于建立大学评估写作、学术和研究活动影响的标准。一旦大学决定如何评价和评估这项工作,各机构就可以详细说明在年度和任期中期审查等正式过程中,如何评估这些形式的写作和学术成果,或者在录用通知书中说明学校对教师的期望。

第六,对终身教职和晋升要求进行全面的重新评估,以确保在所有形式的学术工作中实现期望的平衡。新形式的人类学传播不能成为教师传统责任的附加物,而是需要在出版、教学、服务和领导力之间找到新的平衡点。

第二节　国外高校的行动与举措

几乎在所有国家,同行评议期刊论文与专著是学术评价体系的核心。然而,高校教师的学术产出绝不限于论文与专著,还包括软件、数据库、报道、预印本(pre-print)、创造性表演(creative performance)、教育资料、新闻报纸与杂志的文章、博客与社交媒体,以及其他形式的公共传播。这里面就包括本书所研究的"网文"。高校教师之所以在非传统的学术上花费时间,是因为他们觉得这些研究产品同样有价值。[①]那么,面对这种情况,国外高校是如何回应的呢?

一、完善终身教职与晋升政策

方便起见,本书将从北美洲、欧洲和大洋洲各选取一所研究型大学作为案例,简要分析一下它们的终身教职与晋升政策之中,哪里体现了"网文"。

(一)明尼苏达大学

明尼苏达大学(University of Minnesota)是美国著名的一流公立研究型大学,总共有5个分校。明尼苏达大学常年在世界排名中位居前列,如2021年,在软科世界大学学术排名中列第47位。作为一所赠地大学,明尼苏达大学有着历史悠久的服务社会的传统。为了更好地践行服务社会的理念,2006年,学校专门成立了公共参与办公室

---

① Alperin J P, Schimanski L A, La M, et al. The value of data and other non-traditional scholarly outputs in academic review, promotion, and tenure in Canada and the United States[J]. Open Handbook of Linguistic Data Management, 2020(1):1-17.

(Office for Public Engagement)。"网文"作为高校教师直面公众的一种渠道,直接体现了学校服务社会的理念。为此,明尼苏达大学新修订的《教师终身教职与晋升的政策》(简称明尼苏达大学《政策》)的相关条款都涉及"网文",目的是鼓励高校教师积极参与公共传播。

根据明尼苏达大学《政策》,研究包含两方面的内容:一是传统的学术研究(scholarly research),二是其他创造性工作(creative work)。学术研究即我们所熟知的论文发表、专著出版、重大发现等。其他创造性工作是指其他所有形式的创造性作品,包括但不限于:设计、写作(writing)、视觉艺术、舞台表演艺术、博客、媒体,等等。显然,根据学校《政策》关于其他创造性工作的描述,里面的许多内容都可以划归为"网文"。

根据明尼苏达大学《政策》,服务主要包括院校服务(institutional service)和专业服务(professional service)。前者主要是指在学校内部承担行政职务或从事各种委员会工作。后者是指基于个人的研究领域和学术专长,服务于外部社会与公众,包括但不限于:参与制定公共政策,或者对公正政策的制定产生实质性影响;预判和解决社会各种问题,完善公共政策以使其变得切实可行;对地方政府、州政府、国家,以及国际机构和组织产生重要的影响;等等。虽然明尼苏达大学《政策》中有关服务的条款没有明文涉及"网文",但其中的一些具体说明则体现了"网文"的实质。例如,教师可以在公共媒体平台发表文章(文章需基于个人的专业知识),以影响公共政策的制定。显然,这直接指向"网文"。

对于如何评价"网文"的质量,明尼苏达大学《政策》并没有给出明确的说明。但是,在"研究"与"服务"的相关说明中找到一些启示。例如,明尼苏达大学《政策》主要从相关性(relevance)、效用性(effect)、严密性(rigor)和原创性(originality)等方面来衡量研究成果的价值。明尼苏达大学《政策》中有关教师服务的评价,主要从数量、质量和影响力等三个方面来考虑。需要说明的是,明尼苏达大学《政策》指出,在教师能否获得终身教职与晋升的决定过程中,评估与考核的重心放在已经出版或即将出版的学术成果上,包括经过同行评议的学术论文、专著、基金等。"网文"[明尼苏达大学《政策》的原话是:公共参与(publicly-engaged)相关的研究与学术工作]只是一种"被鼓励"(encouraged)的成果,而不是一种教师必须完成的成果。[①]

(二)哥本哈根大学

哥本哈根大学位于丹麦王国首都哥本哈根,是丹麦历史最为久远、声誉最高的世界顶尖研究型大学。2021年,哥本哈根大学位居软科世界大学学术排名第30位。跟明尼苏达大学一样,哥本哈根大学一直以来非常强调其服务社会的公共职责,并支持其教师积极参与公共辩论和公共传播。这一思想也体现在该校制定的《教师聘用与晋升的标准》(简称《标准》)之中。

在哥本哈根大学的《标准》中,教师的聘用与晋升需要考虑两点:一是标准A,是必须达到的;二是标准B,这是加分项,不具备强制性。具体来看,标准A包括:研究影响(论文发表的情况)、科研基金记录(获取外部资助的情况),以及教学和指导学生履历(教学业绩、学生指导等工作)。标准A的这些内容属于传统的学术评价体系的范畴。

根据哥本哈根大学的《标准》,研究传播和认可属于标准B的内容。"研究传播和认可中大量提到的通俗讲座、在国内外媒体上发表专家见解、在公共媒体上的推广宣传活动、发表评论性或科普性文章等,可划归为"网文"。由于属于标准B,与"网文"创作相关的活动在

---

① University of Minnesota. Regents policy on faculty tenure[EB/OL]. (2016-04-17)[2022-05-06]. http://regents. umn. edu/sites/ regents. umn. edu/files/policies/FacultyTenure1_0. pdf.

哥本哈根大学教师的评聘与晋升中,不属于强制性(mandatory)选项,而是一种受欢迎的(desirable)选项。为了便于说明,表 3.2 列举了哥本哈根大学生物系教师评聘与职称晋升标准中,有关研究传播和认可(里面涉及"网文")的一部分内容。①

表 3.2　哥本哈根大学生物系教师评聘与晋升标准中的研究传播和认可

项目	助理教授	副教授	教授
活动/标准	A 国际会议的口头报告 B 少许通俗讲座或在媒体上的推广宣传活动(outreach activity) B 获得论文奖或类似的科研工作的认可	B 应邀在国际会议和学术会议上举行讲座和做报告 B 通俗讲座以及在媒体上的推广宣传活动;出版科普文章或著作 B 获得早期的职业奖励或类似的科研工作的认可	A 经常出席国际会议和研讨会;作为嘉宾应邀参会 B 定期为国内或国际的公共推广宣传活动做出贡献 B 经常发展、出版科普文章或著作;出版或参编教材 B 出现在国内或国际媒体,向公众推广知识,提出专家意见

资料来源:University of Copenhagen. Criteria for the hiring and promotion of permanent academic staff at department of biology[EB/OL]. (2015-08-11)[2021-10-22]. http://www2. bio. ku. dk/docs/BIO-criteria-for-positions. pdf.

(三)悉尼大学

悉尼大学(University of Sydney)始建于 1850 年,是南半球成立的第一所公立研究型大学。悉尼大学享有很高的世界声誉,2021 年,在软科世界大学学术排名中列第 69 位。随着澳大利亚社会日益强调大学的社会责任,该国越来越多高校日益关注自身作为参与机构(engaged institution)的声誉,以更好地展现自己服务社会的一面。

---

① University of Copenhagen. Criteria for the hiring and promotion of permanent academic staff at department of biology[EB/OL]. (2015-08-11)[2021-10-23]. http://www2. bio. ku. dk/docs/BIO-criteria-for-positions. pdf.

受此影响,悉尼大学也开始鼓励其教师积极参与社会服务,例如:倡导教师利用专业知识启迪社会公众的智识,或参与社会重要议题的公共讨论。为了更好地激励教师参与公共服务,公共参与作为一项重要的评价指标,被悉尼大学纳入其《学术晋升政策》(简称《政策》)之中。《政策》相当一部分内容就提到"网文"。

在悉尼大学的《政策》中,教师晋升的考核内容主要分为三块:"教学"、"研究"和"治理、领导和参与"。"教学"即我们日常理解的传统的(本科生/研究生)教学或指导工作,但"研究"的内涵与外延则大大得到了拓展。根据悉尼大学的《政策》,"研究"不仅涵盖知识的创造、扩展、综合、巩固、应用和批判性评价(如论文发表、专著出版、书评、科研基金申请等),而且包括许多应用型学科的创造性、艺术性和专业性的工作,例如表演、音乐、画作等。其中,在教师的评价标准中,除了常见的传统型学术成果外,一个不能忽视的指标是研究成果的传播。其中,与"网文"密切相关的内容包括:在电子期刊上发表的文章;在学校认定的机构发表的电子作品,既可以是学术著作,也可以是与学科相关但面向公众的作品;建立在专业知识基础之上的公共传播,如接受新闻媒体的采访、作为嘉宾在广播和电视上发表专业见解、在主流媒体上发表评论性文章;等等。

在悉尼大学《政策》中,涉及"治理、领导和参与"的考核条款主要评价教师对学科、大学和社区所做的重要贡献。就这一块内容,虽然《政策》没有直接提及"网文",但相关内容还是间接涉及了。如在社区这一评价指标中,《政策》笼统地提出"用学科知识或专业知识为外部社区做出重要的贡献,以提高悉尼大学的社会声誉"。显然,本校教师在此领域大有作为,他们可以通过"网文"创作为社区的发展贡献个人的力量。例如,《政策》明确指出,医学或法律专业的教师可以发挥自己的专业特长,唤醒公众对残疾人的关爱之情,提升残疾人自身的权利意识。需要说明的是,同前两所高校一样,在教师终身教职与晋升的考核评价中,悉尼大学仍把重心放在传统的学术产出上,如专著、论文和基金,而对于"网文"并没有做强制性的要求,只是认为教师应在合适的(appropriate)场合,做出自己应有的贡献。①

二、提升大学教师"网文"创作能力

人们常常理所当然地以为,高校教师是某一专业领域的权威专家,具有丰富的知识储备,因而可以轻易地、有效地把其思想观点与研究发现传达给社会公众。然而,事实是:大部分高校教师无法做到有效传播。当然,不排除一部分在公共传播方面极其具有天赋的学者,例如我们熟知的斯蒂芬·霍金。之所以大多数高校教师很难做到有效传播,是因为人文社会和自然科学思想往往是抽象的、复杂的、深奥的,要想做到有效传播,就需要洞悉公共传播的规律。教师既不能沿用学术论文写作的思维,也不能想当然地以为使用一些简单的语句代替专业术语,公众就能理解某种学术思想或某个重大发现。但是,美国高校过往的实践经验表明,对高校教师开展有关"网文"创作技巧的集中培训,将能有力地化解这一难题。美国不少高校在此方面就堪称典范。

(一)马萨诸塞大学阿姆赫斯特分校

马萨诸塞大学阿姆赫斯特分校(University of Massachusetts Amherst)是美国著名公立大学系统麻省大学的旗舰型大学,创建于1863年。早在2017年,该校就开始实施"公共参与工程"(Public Engagement Project)。它最初是由一群致力于扩大学术成果社会影响力的人文学者、社会学家、行为学家以及生命科学家发起的。学校

---

① The University of Sydney. Academic promotions 2017: Guidelines for applicants[EB/OL]. (2017-08-15)[2021-10-23]. http://sydney.edu.au/provost/pdfs/Guidelines_for_Applicants_2017.pdf.

在其官网上写道:高校教师既是一个公民,又是一个学者,对当今公共政策的争辩具有浓厚的兴趣,且乐于与这个世界的不同群体对话。高校教师的一个使命是为创建一个不同的未来提供自己的想象力。为了服务共同的利益,我们有能力和责任参与外部世界,而不只是待在图书馆或实验室做研究。[①]

　　该工程的一项重要的目标是:学校投入一定的资源,组织具有一定公共创作经验的教师团队(来自不同专业领域,每期 7—9 名教师),对公共创作感兴趣的教师进行集中培训,以使他们掌握新的沟通技巧。公共创作目前主要集中于文字形式的"网文",主要包括报刊专栏写作、社交媒体写作(如在博客、推特上发文)、科普写作、决策咨询等。培训的内容除了传授公共创作的一般技巧外,还会向教师传递公共创作的重要意义,以使教师充分明白公共创作是其内在职责,且公共创作并不是科研工作的降级(downgrading)。[②]该校"公共参与工程"主任艾米·斯嘉丽就如何撰写专栏文章所提出了一些小建议和小技巧。[③]

专栏文章写作

艾米·斯嘉丽

关于专栏文章写作的四个问题

1.为什么需要撰写专栏文章?

2.需要花费多长时间?

3.如何传达(你的和其他人的)研究成果?

4.这一过程是如何进行的?

---

　　① University of Massachusetts Amherst. Public engagement project:Bring research to the public[EB/OL]. (2020-05-17)[2021-10-23]. https://www. umass. edu/pep/about/who-we-are.

　　② University of Massachusetts Amherst. Guides and resources[EB/OL]. (2020-05-17)[2021-10-25]. https://www. umass. edu/pep/guides-resources.

　　③ Schalet A. Writing opinion editorials[EB/OL]. (2020-05-17)[2021-10-25]. https://www. umass. edu/pep/pep-guide-writing-op-eds.

1. 为什么需要撰写专栏文章?

• 投身于公共教育或对话

• 扩大研究传播范围 • 体验不同写作风格

• 展现研究的相关性或社会影响力

2. 需要花费多长时间?

• 花费的时间将比你预想的少,如果你有所准备:

• 对于常见的问题/议题,你已经有原创性/新的观点(这一观点可以源于自己的或者别人的研究)

• 熟悉专栏文章的风格(可以提前熟悉和练习)

• 创造性地把当前议题与你的文章相挂钩

3. 专栏文章的风格是什么?

• 600—1200 个单词

• 简短的、主动语态的句子

• 每段 1—5 句话

• 源于真实生活、真实世界

• 第一段(或第 3—5 句话)点明主旨

• 除了分析,还有一般性的总结

• 使用一些令人信服的、关键性的统计数据

• 为使文章更生动,可以加入故事、逸事和个人的声音

• 为使文章更具力量,可以考虑加入他人的研究成果

• 结尾简短有力,富有幽默感或给人分量感

它是如何区别于其他学术写作的?

• 不要架构在既有的学术争议上

• 无须方法论细节,哪怕你对这些非常感兴趣

• 确保准确、及时,但无须超级精确

• 建立在成熟的知识/其他人的研究之上

• 分析可以是解释性的:使用"可能""似乎"

- 避免从自身的学科出发,进行一般的元叙事
- 可以更人性化、富有激情、给人希望、具有创见性

4. 这一过程是如何进行的?

更多详情,请参考:http://www.theopedproject.org。

(二)罗格斯大学

罗格斯大学(Rutgers University)是美国著名的公立研究型大学,位于新泽西州,始建于 1776 年。在校长办公室的支持下,该校妇女研究院(Institute for Research on Women)成立了"罗格斯公共参与项目"(Rutgers Public Engagement Project),其宗旨是:向那些愿意为公众写作(博客、专栏、杂志文章、大众类读物)、在电视和广播上分享其工作,或者愿意直接与政策制定者沟通的教师和研究生提供技能培训。依靠专业的媒体训练师(media trainer)团队和罗格斯大学内部具有相关专业知识的成员,该项目主要通过一系列专门小组、研讨会等方式,提升教师的公共沟通技巧与能力。表 3.2 列出了罗格斯大学近几年举办的一系列相关的讲座与活动。

表 3.2 "罗格斯公共参与项目"活动档案

年份	活动(讲座或研讨会)
2020	为普通公众著书 主讲人:阿琳·施泰因(Arlene Stein)
2019	超越"我":当自传与历史相遇 主讲人:米米·施瓦茨(Mimi Schwartz)
	讲好社会变革的故事 主讲人:泰勒·佩卡尔(Thaler Pekar)
	学者如何创意写作 主讲人:米米·施瓦茨
	学者的公共参与 主讲人:泰勒·佩卡尔

续　表

年份	活动（讲座或研讨会）
2018	捍卫民主：在中期选举中发挥影响 主讲人：安德里亚·卡通纳（Andrea Catone）
	专栏文章写作 主讲人：泰勒·佩卡尔
	口述史与行动主义 主讲人：凯瑟琳·瑞兹（Kathryn Rizzi）
	领导力：说服性演讲与讲故事 主讲人：泰勒·佩卡尔
	写作、发表、成长：揭开学术写作的神秘面纱 主讲人：安吉丽·豪格鲁德（Angelique Haugerud）
2017	在推特上打造你的学术影响力 主讲人：玛丽·查伊科（Mary Chayko）
	专栏文章写作（2017） 主讲人：泰勒·佩卡尔
	如何改变世界（或者至少你的社区） 主讲人：本·马林（Benn Marine）
	重新定义博士后经历 举办者：罗格斯博士后协会
	像社会学家一样思考，像新闻记者一样写作：来自现场的故事 主讲人：泰德·康诺弗（Ted Conover）
2016	如何使你的研究吸引媒体的关注：罗格斯教师与传播专家的对话 主讲人：黛博拉·卡尔（Deborah Carr）
	与政策制定者沟通：研究如何促进社会变革 主讲人：彼特·麦克唐纳（Peter McDonough Jr.）
	与大众媒体沟通：电媒与纸媒 主讲人：乔斯林·克劳利（Jocelyn Crowley）
	现身网络：学者的网站、社交媒体与博客 主讲人：维吉尼亚·严斯（Virginia Yans）
	为普通公众著书 主讲人：黛博拉·卡尔（Deborah Carr）

资料来源：Rutgers University. Rutgers Public Engagement Project events archive［EB/OL］.（2020-05-19）［2021-10-23］. https://publicengagement.rutgers.edu/events-archive.

至于为什么需要这样做？罗格斯大学在其网站上指出，大学教师，尤其是人文社科工作者，是分析和参与公共争辩的理想人选，但他们的声音很少被公众听见。大多数教师秉持一种鄙视社会影响力和公众的排他性文化（culture of exclusivity）。他们"隐匿"于学术杂志上，很少在社交媒体上露脸；对（论文）技术和抽象的重视超过适切性、清晰思维与广泛传播。虽然一些学者通过在主流报纸撰写专栏文章、参与决策咨询以及撰写个人研究博客等方式传播他们的工作成果，但其实他们可以做得更好，以使其成果影响更多的公众，产生更深远的效应。罗格斯大学的许多教授都是世界一流的学者，把其思想分享给公众可以提升能见度，展现其工作质量。此外，鼓励学者与学术界同行和外部公众沟通，是维持"明天的大学"的关键一步。我们相信，大学不能再以遗世独立的象牙塔自居，而应在社会议题与公共政策上，成为国内与国际对话的关键参与者。随着电子与社交媒体的兴盛，这种对话不仅可行，而且非常必要。①

此外，像约翰斯·霍普金斯大学、斯坦福大学等世界一流大学，还在本科生、研究生（未来高校教师的储备力量）课程中融入了大量的公共写作方法与技巧的培训内容。如此做的一个好处是，这些未来的研究者在保证科研的严谨性的同时，还能提升向公众有效传播研究成果的能力与信心。②

---

① Rutgers University. Rutgers Public Engagement Project[EB/OL]. (2020-05-19)[2021-10-28]. https://publicengagement.rutgers.edu/pep.

② Brownell S E, Price J V, Steinman L. Science communication to the general public: Why we need to teach undergraduate and graduate students this skill as part of their formal scientific training [J]. The Journal of Undergraduate Neuroscience Education, 2013(1): 6-10.

第三节　国外学者的呼吁与力行

前面两节主要介绍了学术协会与不同高校为推动"网文"纳入学术评价体系所付出的行动。这一节主要基于学者个人的角度,阐述国外学者为推进"网文"纳入学术评价体系所付出的努力。总的来看,国外学者的行动可分为两个方面:一是从理论上分析高校教师为何需要创作"网文"、如何评价"网文",以及如何创作"网文";二是亲自创作"网文",以及创建不同类型的网络发表平台。本书将主要分析国外学者在第一个方面的努力与行动。

一、学者发文呼吁"网文"纳入晋升体系

在国外学术界,越来越多的学者开始呼吁把"网文"纳入晋升体系,并结合实际情况,探讨了如何把"网文"纳入晋升体系。这里举两篇代表性论文作为说明。

(一)《不止点赞和推文:为学术晋升和终身教职创建社交媒体档案》

该文由梅奥医学中心丹尼尔·卡布雷拉博士等 6 人合撰,发表在 2017 年第 4 期的《研究生医学教育杂志》上。[①]

作者指出,网络社交媒体为高校教师提供了一个全新的生产和分享知识的空间。不同于传统的学术期刊,社交媒体具有民主、开放、可

_____

① Cabrera D, Vartabedian B, Spinner R, et al. More than likes and tweets: Creating social media portfolios for academic promotion and tenure[J]. Journal of Graduate Medical Education, 2017 (4): 421-425.

互动、便捷、迅速、低廉以及可以大规模传播科学信息等特点。此外，越来越多的高校开始认可社交媒体学术（即"网文"）的价值，并在晋升与终身教职的评判过程中，把它当作一个考量因素。然而，晋升与终身教职委员会面临的一个最大挑战和限制是如何评价社交媒体学术的质量与影响力。

作者建议，高校应该：(1)制定明确的政策，以规范教师成员的社交媒体活动；(2)对教师进行培训，告诉他们在学术过程中如何恰当地使用社交媒体；(3)确定明晰的核心价值、战略优先项和目标；(4)根据院校的规模、战略优先项、服务对象等，制定社交媒体学术的评价框架；(5)制定一个清晰的影响力网络（impact grid），用以确认社交媒体活动的类型；(6)基于计量指标（例如页面浏览数）、客观标准、同行评议等，评价社交媒体学术的质量与影响力。

高校教师应该：(1)遵守学校的社交媒体政策；(2)创建社交媒体学术档案，包括个人的社交媒体学术哲学（如学术领域、针对目标、知识转化与传播的目标、平台等）；(3)清晰阐释社交媒体学术是如何与个人的整个学术生涯衔接的；(4)描述社交媒体活动的所有方面，包括原创性内容、网络社区管理、平台管理等；(5)使用格拉斯科（Glassick）的框架来描述学术工作，包括清晰的目标、充分的准备、恰当的方法、重要的结果、有效的展示、反身性技术。[①]

而对于如何衡量社交媒体学术的影响力，作者列举了三个例子：如一篇网络文章阅读量不足 3000 次的，可划归为低影响力；阅读量3000—15000 次的，可划归为中影响力；阅读量超过 15000 次的，可划归为高影响力。

---

① Glassick C E. Boyer's expanded definitions of scholarship, the standards for assessing scholarship, and the elusiveness of the scholarship of teaching[J]. Academic Medicine, 2000(9):877-880.

(二)《学术晋升中数字学术的共识指南》

该文由阿巴斯·侯赛因(Abbas Husain)等 18 名医学博士合著,发表在 2020 年第 4 期的《西方医学急诊杂志》上。①

作者指出,随着数字时代知识传播方法的演变,我们必须在传统的晋升与终身教职过程中纳入作为全新形式的数字学术。与此相应,传统的评价方式(如杂志的影响因子、h 指数等)需要做出改变,以适应数字学术的特点。

作者指出,作为高校教师,首先要清晰地陈述数字学术的使命,如此可以让晋升与终身教职委员会理解你的数字学术。使命的主要内容包括:(1)强调为什么你要创作数字学术,其存在的意义与价值是什么;(2)解释你的数字学术的目标与对象;(3)解释你的数字学术是如何与你其他传统的学术相互补充的;(4)解释你的数字学术是如何与你的整个职业生涯目标相协调的;(5)指出你的数字学术的目标,以及其他可能从中受益的受众;(6)描述你在创作数字学术时,是如何保障质量的;(7)突出你创作数字学术后所获得的益处,例如受人邀请开展讲座或合作。

关于数字学术的影响力,作者认为没有一条标准和快速的规则来衡量。除了常用浏览量、转载数等,还可以使用社交媒体指数(social media index)这一工具分析数字学术的影响力。关于数字学术的质量,作者指出,由于数字学术的低门槛性,很多人都持一种怀疑的态度看待数字学术,因此如何评价数字学术的质量变得相当具有挑战性。作者列出了一系列用于评价质量的工具,值得我们吸收和借鉴。

---

① Husain A, Repanshek Z, Singh M, et al. Consensus guidelines for digital scholarship in academic promotion[J]. The Western Journal of Emergency Medicine, 2020(4):883-891.

二、学者著书呼吁高校教师为公众写作

无论是国内,还是国外,学术界有关写作的话题、讲座或论著等,大部分是围绕着学术写作而展开的,包括学术写作的意义、要点、技巧、方法以及呈现方式等。而关于如何为公众写作(本书指"网文"),相关的讨论较少。不过,近几年,随着网络社交媒体不断兴起,以及"网文"的价值得到越来越多的高校及学者的认同,相关的议题逐渐增多。前文讲到美国一些高校邀请专家对教师进行公共写作的培训,即是一种体现。这里将着重介绍罗格斯大学(Ruters University)社会学教授阿琳・施泰因和纽约城市大学亨特学院(CUNY Hunter College)社会学教授杰西・丹尼斯(Jessie Daniels)2017年出版的专著《走向公众:社会科学工作者指南》(*Going Public：A Guide for Social Scientists*)的主要内容。

(一)为什么要走向公众(为公众写作)

当前,在美国学术界,大部分教师只为同行写作。为了获得杂志和同行的认可,学者们自从研究生开始,就接受严格的学术训练,沉浸于理论与方法的创新。这带来一个问题:学者们不断远离社会公众,忽视研究的社会实用性和社会影响力。不过,随着近年来美国高等教育公共参与理念的兴起,人们越来越强调研究的实用性,越来越强调学者的社会责任,例如通过各种工具把我们的科研成果传播给学术圈外的公众。这些工具包括数据的可视化、图表、照片、视频、博客,甚至是表演。

然而,下列因素阻碍了大学教师的公共写作。第一,教师经历过多年的严格学术训练,只会学术写作,而不知如何为公众写作。第二,当前的学术文化与学术评价体系太看重论文,轻视公共学术。一些学

者甚至嘲笑那些为公众写作的教师，认为"网红教授"这个称号是一种侮辱。[①] 第三，大学教师不愿意离开舒适区。对大部分教师而言，让他们离开自己熟悉的研究范式，转而为公众写作，无疑是要求他们离开舒适区，让自己接受公众的批判与检视。在社会媒体时代，这些批评轻易就能迅速传播开来，且有可能变成人身攻击。第四，学术评价机制不太支持公共写作。大学教师发表学术论文有助于职称晋升，有助于丰富课程内容，但是撰写专栏或博客所获得的奖励往往是不清楚的。那么，大学教师何必花费心力去为公众写作呢？

施泰因和丹尼斯指出，这是一个需要专家知识的年代，外面的世界需要听到大学教师的声音。当接受过良好学术训练和具备专业知识的教师远离紧迫议题的公共争辩，如气候变化、性别不平等、儿童养育、工作-家庭平衡等，那么这些讨论势必将由企业、富商、名人等主导，但他们可能会以不太明智的方式误导民意。此外，新闻工作者在引用教师的成果时，常常会发生误解或曲解的情况。例如，《美国社会学评论》(*American Social Review*)的一篇文章指出，那些父母资助越多的大学生，比起那些主要依靠自己攒学费的大学生，学习成绩往往更差。这一结论打破了人们的固有观念，《纽约时代》杂志就曾这样写："家长请注意：你资助给孩子的大学费用可能会导致孩子成绩下降。"实际上，这项研究只能说明家长资助与学生成绩存在相关性，但二者并不存在因果关系。[②] 这就要求大学教师自己成为学术成果的"转译者"，不能任由新闻工作者来代劳。大学教师成为公共学者的另一个原因是：与更广泛的公众互动，可使得作品变得更好。在出版之

---

① Stein A, Daniels J. Going Public：A Guide for Social Scientists[M]. Chicago：University of Chicago Press，2017：4.

② Lewin T. Paents' financial support may not help college grades[EB/OL]. (2013-01-14) [2021-10-23]. http://www.nytimes.com/2013/01/15/education/parents-financial-supports-linked-to-college-grades.html? -r＝0.

前或之后,与其他人员的对话可以进一步检测其观点,并使之更牢靠。

（二）为公众写作的四大原则

原则一:把自己想象成作家。当大学教师尚在研究生院时,很少会思考写作的问题。许多教授认为,学生天生就会写作。但事实是,除了一小部分人之外,大部分人不知道如何写作。好的作家不是天生的,而是后天努力的。写作就像手艺一样,需要不断地学习和实践。好的写作不是锦上添花,更不是自恋与浪费时间,而是我们工作中不可或缺的一部分,是一种需要实践与尽心尽力完成的创造性活动。施泰因和丹尼斯在书中指出,在这个学术不断加速的时代,我们一篇又一篇地炮制论文,但很少停下来创作一些精美的文字。发表学术论文或许能为我们赢得终身教职,但无形之中也造成了一种不易察觉的浪费:大量的日复一日制造出来的论文,无法鼓舞自己,也无法激发他人。大学教师如果把自己看作作家,认真对待写作,就可以在一定程度上抵制这种浪费。"写作可以让我们感觉与其他人联系得更紧密,与我们所居住的社会联系得更紧密。"[1]

原则二:知晓你的读者。我们写作,一方面是为了自己,另一方面是为了读者。但是,许多学者从来不关注其读者:或以为读者自然会对其研究的课题感兴趣;或不会从读者的视角看问题,想当然地以为读者知道其专业的术语、缩写、假设等。美国社会学家查尔斯·米尔斯（Charles Mills）对此指出:"他们（大学教师）只知道写作,但不知道沟通……换言之,有效的写作不只注重抽象,而且应该注重写作者与读者之间的关系。"[2]最好的作家会营造一种权威但对话性的声音,以

---

[1] Stein A, Daniels J. Going Public: A Guide for Social Scientists[M]. Chicago: University of Chicago Press, 2017:19.

[2] Stein A, Daniels J. Going Public: A Guide for Social Scientists[M]. Chicago: University of Chicago Press, 2017:24.

消除作家与读者之间的隔阂。这就要求大学教师在写作时，要把读者放在心中，要知晓读者的兴趣、知识储备等。

原则三：力求清晰和具体。复杂的思想有时需要复杂的语言，但写作者应该尽可能地使文章简明透彻。只有绝对需要时，才可使用专业术语。例如，当你只是指代金钱时，不要使用"资源"一词，或者当你只是指代人时，不要使用"利益相关者"这个单词。同时，在写作时，尽量不要使用被动语态，而应尽量使用清晰的主语和主动词，因为它可以帮助读者更好地理解人物与事件之间的关系。此外，在写作时，尽可能简明扼要，直奔主题，少用脚注、抽象的概念和各种表格。还要注意写作的节奏，避免使用长句、复杂句。

原则四：展示（show）与告知（tell）。这个世界上大致有两种讲述故事的方式：展示和告知。新闻工作者讲故事的方式是展示——只叙述事件、人物或社会问题的细节；社会科学工作者的方式主要为告知，向读者描述事件的宏观模型并解释这些事件为何发生。很多社会科学工作者的写作方式是学术取向的，往往只有同行才能看得懂，非学术人员没有兴趣阅读。这就要求社会科学工作者转变写作方式，多阅读那些非学术著作，并思考哪种写作风格适合自身。总之，社会科学工作者也需要具备讲故事的能力，向学术同行讲故事，向公众讲故事。

（三）如何为公众创作短文

施泰因和丹尼斯在书中讲到，当某个社会热点问题与大学教师的研究方向不谋而合时，教师可以执起手中的笔，参与到公共讨论之中。一般来说，公共写作的渠道包括三种：一是报纸专栏，二是在线新闻网站（数字杂志），三是刊发长文的杂志（例如《纽约客》）。这三种渠道对字数要求、写作风格不尽一样，施泰因和丹尼斯在书中，通过具体的案例，详细地为那些准备"走向公众"的大学教师进行了讲解。

（四）如何为公众写书

施泰因和丹尼斯指出,虽然不少人指出,公共知识生活已死,但实际上公众还是愿意阅读严肃的读物来了解社会事件的,问题是大学教师很少会去创作面向大众的纪实作品(nonfiction book)。大学教师如果能在写作时,将框架和语言做一些调整,就能吸引更多的公众。一般来说,社会科学工作者可以为公众创作三种类型的著作:一是有关社会趋势的著作,二是有关民族志的研究,三是文化批评。通常来说,能够吸引公众的著作具有以下共性:术语很少,通俗易懂,写作主题公众普遍关注,能引发公众思考,行文具有对话性质。

（五）数字时代的公共学术

过去20年是数字技术迅猛发展的20年,人们借助数字技术可以跨越时空距离建立联系、传播思想。从根本上,它改变了人们的沟通方式。在高等教育领域,人们可以建立虚拟的数字图书馆,发展数字学术,改变传统的同行评议模式和出版方式。大学教师完全可以利用各种数字技术和社交媒体,创建属于个人的平台,为公众创作多种形式的文化成果。人们或许会问:在网络社交媒体上创作,大概要花多长时间? 会不会浪费时间? 在书中施泰因和丹尼斯谈道:"这个取决于你个人。"创建个人网站和撰写博客可能需要花几个小时,或者一周的时间。一个人可以选择熟悉的社交工具,然后慢慢拓展,最终建立个人的名望。"它当然要花时间,但不会以终身教职为代价。所要牺牲的是不能发表更多的学术论文。如果不参与公共学术,我们可以发表更多的同行评议论文。"①

---

① Stein A，Daniels J. Going Public：A Guide for Social Scientists[M]. Chicago：University of Chicago Press，2017：113.

(六)打造你的读者

施泰因和丹尼斯指出,学者通常不太会花时间为其作品打造一批读者,而是认为这是出版社的事情。不过,随着社交媒体的兴盛,那些想接触更多公众的学者将有更多的机会。但与此同时,由于人的注意力有限,在喧闹的网络上吸引读者是一件极具挑战的事情。这要求大学教师首先需要确定目标,即为公众写作的目的是什么,如此才能找到合适的技巧、工具以及合作者,以吸引那些欣赏你作品的公众基础。不论大学教师的目标什么,数字技术可以帮助其更好地建立公众基础。社交媒体平台不是一个简单的把信息传递给公众的扩音器,它们也是建立网络与维持社交联结的机制。在数字时代,为你的作品打造读者,本质上是扩展你的网络。[①]

(七)走向公众的风险

许多学者愿意通过某种方式为公共得益做一些贡献,但一旦走向公众,就面临着被误解或曲解的风险。有时候,大学教师的研究结论让一些公众不舒服;有时候,错误结论被公众熟知,也有可能带来各种风险。最低程度的风险是各种骚扰、谩骂,更高程度的风险则可能是被解雇,甚至是死亡威胁(我们在下一节还会提到)。对于大学教师而言,成为公共学者并不意味着分享一切,而是要理解社交媒体上公众的特性,从而更好地掌握自己的生活。有时候,它意味着学会忽视来自外部的攻击,或者过滤掉外在的噪声,当其变得太吵闹、太频繁或太个人化时。在我们学会新的处理公共和私人信息的方法的同时,我们还需要知晓自身的权利。

---

① Stein A, Daniels J. Going Public: A Guide for Social Scientists[M]. Chicago: University of Chicago Press, 2017:136.

（八）公共写作如何算数，如何产生社会影响力

当下，大学教师仅仅写作论文是不够的，还需要向社会展示个人的影响力。摆在大学教师面前的一个问题是，大部分学术评委会只会考虑同行评议的论文，尤其是顶尖期刊上的论文。这是不是意味着大学教师不需要为公共写作？施泰因和丹尼斯借用不少真实的案例指出，即便公共写作在学术评价体系中不算数，但依然会带来其他多种机遇。因为在公共领域的露面（通过博客或报纸）会吸引其他人的关注，这里面就包括一些期刊主编、学术会议组织者、电视台编导，以及其他对你研究感兴趣的学者或公众。

第四节　国外高校"网文"纳入学术评价体系的挑战

尽管"网文"纳入学术评价体系具有多重价值，且受到国外一些高校的大力支持，但这并不表示"网文"已经受到所有高校的重视，更不表明"网文"已受到全部大学教师的认同。在大学教师的晋升与考核中，学术论文、专著、科研基金以及各种传统的计量指标（如引用率、杂志影响因子等）仍是评价的核心。阿尔珀林·胡安（Alperin Juan）等人通过对美国和加拿大 129 所高校的大学教师评聘考核政策的分析发现，虽然许多高校重视教师公共维度上的工作（如社区参与、为公众写作等），并在官方政策中对此高调宣扬，但它们更多只是以一种象征性的、修辞的意义存在。在大部分高校的教师评估中，公共维度的工作既没有明显的激励，也没有清晰的支持结构。① 综合来看，在把"网

---

① Alperin J P, Muñoz Nieves C, Schimanski L A, et al. How significant are the public dimensions of faculty work in review, promotion and tenure documents? [J]. Elife, 2019 (8):1-33.

文"纳入学术评价体系的过程中,国外高校碰到的挑战主要包括以下几方面。

一、传统的学术文化观念

第一,长时间的学术训练使高校教师养成了一种独特的论文写作风格,这种风格充斥着社会公众难以理解的符号公式、专业术语和数学模型等。普利策奖获得者、《纽约时报》专栏作家尼古拉斯·克里斯托弗(Nicholas Kristof)对此就指出:"博士研究生教育形成了一种崇拜艰深晦涩同时蔑视社会影响力和社会公众的文化。这种排他性文化通过'不出版就滚蛋'(publish or perish)的终身教职评聘过程传递给下一代。"[①]其结果是,很多高校教师一旦离开了符号公式、专业术语和数学模型,就不知道如何向社会公众介绍其思想观点和研究发现。在潜移默化形成的学术写作风格难以有效转换成公共写作的风格的背景下,高校教师为公众创作的兴趣自然会大大减弱低。美国知名学者克利丝特·祖克(Kristal Zook)曾经就"高校教师为何不愿意为公众写作"这个问题做过一次简单的调查,发现背后一个重要的原因是:高校教师不知道如何把严肃的科学发现、复杂的思想观点和抽象的学术概念转换成通俗易懂的语言。祖克访谈的某位对象就列举了一个例子:《华盛顿邮报》(Washington Post)邀请她就埃博拉病毒(Ebola)的相关信息,给公众写一篇 2500 字的科普类短文。这次约稿一度让她陷入焦虑之中,因为离开了诸如 HIV 等专业术语和对非援助的著作,她不知道如何执笔。[②]

---

① Kristof N. Professors, we need you[EB/OL]. (2020-05-25)[2021-10-24]. https://www.nytimes.com/2014/02/16/opinion/sunday/kristof-professors-we-need-you.html?_r=1.

② Zook K B. Academics: Leave your ivory towers and pitch your work to the media[EB/OL]. (2020-05-23)[2021-10-24]. https://www.theguardian.com/higher-education-network/2015/sep/23/academics-leave-your-ivory-towers-and-pitch-your-work-to-the-media.

　　第二,在传统的学术观念的长期影响下,大部分高校教师形成了这样一种认知:在同行评议杂志上发表论文,才是从事严肃的研究、真正的研究。相比之下,面向公众的创作则常常被许多高校教师嗤之以鼻。在他们看来,面向公共的创作纯属不务正业、浪费时间。此外,许多高校教师还认为,面向公众的创作不仅无法凸显作者真实的学术水平,而且会降低作者在学术界的身份与地位。受此观念的影响,一些年轻的教师不敢把"网文"列在个人的简历上,生怕别人背后指责他没有从事真正的学术研究。① 这种鄙视"网文"的思想观念不仅存在于许多高校教师身上,而且存在于高校行政人员身上。美国高校的一些行政人员就认为,公共写作是一种类似于网络游戏上瘾的癔症,除了可以满足眼前的快感,以及形成一种以自我为中心的幻象外,并不能真正推动学术知识的进步;公共写作是学者研究虚弱的标志,表明高校教师的学术研究能力不足,证明今天的公共知识分子并不是合格的教授。② 更为糟糕的是,在这种看不起公共创作的学术文化观念下,高校教师如果把太多的时间和精力用于公共写作,反过来还有可能遭受惩罚,使个人职业生涯发展陷入危险的境地。例如,哈佛大学青年教师保罗·斯塔尔(Paul Starr)享有很高的知名度和工作成就(美国首位获得普利策奖的社会学者),在许多人看来,他完全有资格获得哈佛大学的终身教职,但最终还是被学校解除教职。前系主任委婉地指出:"斯塔尔在新闻报刊上发表了太多的文章,给人造成这样一种感觉:他误入了歧途,没有在其专业领域做真正的研究。他对专业社会学所做的贡献很难不让人产生怀疑。"③总之,在这样残酷的现实背景下,即便

---

　　① Perry D. But does it count? [EB/OL]. (2020-05-23) [2021-10-25]. http://www.chronicle.com/ article/But-Does-It-Count-/147199.

　　② Lenoard D. In defense of public writing [EB/OL]. (2020-05-12) [2021-10-24]. https://chronic levitae.com/news/797-in-defense-of-public-writing.

　　③ 雅各比.最后的知识分子[M].洪洁,译.南京:江苏人民出版社,2002:120.

部分高校教师有为公众创作的意愿,但最终还是有可能会选择三思而后行。

第三,受学术中立思想观念的影响,很多高校教师坚持一种"只求真理、不问世事"的处世态度,刻意与社会公众保持距离,并在公共事务上谨言慎行。在一些欧美高校教师看来,在公共媒体上发表文章是新闻工作者、社会活动人士等人的职责范畴,高校教师做好本职的教学与科研即可,没有必要参与其中。更有甚者认为,为了保持思想的独立性和智力工作的中立性,高校教师没有必要为公众创作,且没有必要让公众理解。"(高校教师的写作)故意深奥难懂……是为了证明智力的优越感。"[①]留学归国的清华大学副教授严飞指出,国外不少高校教师长期居于象牙塔之中,单纯凭着个人的兴趣而展开研究,久而久之形成了一种"想象的优越感"。这种优越感不仅导致高校教师欠缺现实生活的锤炼和对书本知识盲目迷信,而且导致高校教师"关起门来只做学问,不问世事,保持知识分子的清高,或美其名曰,保持知识分子的中立学术立场"[②]。

二、传统的学术评价机制

随着博耶提出了多元学术观,高校教师的评价标准日益走向多元化。在国外高校的评价机制中,除了传统的学术产出(论文、专著等)外,诸如科研数据、软件开发、专利、创新创业、艺术作品等也都开始纳入学术评价体系。然而,即便国外越来越多的高校开始把"网文"纳入学术评价,但如前所述,它只是一个锦上添花的选项,而不是一个刚性的强制性要求。这意味着"网文"处于一种可有可无的尴尬地位,不太

---

① Salita J T. Writing for lay audiences: A challenge for scientists[J]. Medical Writing,2015(4):183-189.

② 严飞. 学问的冒险[M]. 北京:中信出版社,2017:5.

能引起高校教师的注意和重视。相反,发表高影响因子论文、出版高质量的学术专著,仍是学术评价的核心指标。至于这些论文和专著有多少人阅读,产生了多大的影响力,则不是高校教师关心的范畴。

既然"网文"在教师评价机制中无法占据重要位置,大部分高校教师自然缺乏为公众创作"网文"的动力。毕竟,创作"网文"将会耗费教师不少的时间和精力,而这些时间和精力完全可以用在对个人发展更有利的教学、科研上,或者用在获取经济利益(如担任咨询顾问、与企业合作开发项目),或者用于个人的闲暇上。对此,杜克大学乔纳森·瓦伊(Jonathan Wai)教授就指出,为什么高校教师不愿意为公众创作,原因非常简单,因为高校教师的奖励系统和晋升机制并没有充分顾及教师此方面的努力。为了改变纠正当前的局面,鼓励教师创作"网文",高校管理者应把"网文"置于与教学、论文发表和基金申请一样的地位,并纳入到教师终身教职和晋升的评审过程中来。许多高校教师现在也意识到,如果自己的研究成果想要被公众理解并使他们从中受益,就必须走出图书馆或实验室,参与到与公众的对话当中来。[①]

同样,美国知名学者拉塞尔·雅各比针对高校教师不愿意为公众创作这一情况也指出,高校教师不再面向公众,不珍视深入浅出的或文笔优美的写作,倒不是因为他们对此鄙夷不屑,而是在公共媒体上发表文章几乎不算什么。对于大部分高校教师而言,出版和发表远比怎么写、写什么更为重要。[②]

三、"网文"创作的潜在风险

在国外高校,"网文"创作的潜在风险主要来自两方面:一是学校

---

① Wai J, Miller D. Here's why academics should write for the public[EB/OL]. (2020-12-01)[2021-10-24]. https://theconversation.com/heres-why-academics-should-write-for-the-public-50874.

② 雅各比. 最后的知识分子[M]. 洪洁,译. 南京:江苏人民出版社,2002:12-13.

内部的风险。最典型的情况是,高校教师的网络言论因无意中违反学校的某项政策(如社交媒体政策),或因不恰当使用社交媒体损害大学的品牌与声誉而遭受不同处罚:轻微的惩处或许只是暂停教学与科研工作,严重的则是被学校直接解雇。但问题是:很多时候,"网文"创作究竟有没有违反学校政策往往充满了极大的争议。诸如此类的例子,在美国高校可谓不胜枚举。总的来看,争议的焦点是:高校教师的网络言论到底属不属于学术自由的范畴(下一节我们会详述)。不论高校教师最后有没有赢得这场争议,这都打击了教师网络参与的积极性,以至于美国高校有教师声称:"如果你是一位大学教授,最明智的做法是远离网络。"①

二是学校外部的风险。当高校教师面向公众创作"网文"时,意味着他将失去象牙塔的保护,因为通常来讲,高校教师如果只写论文,其阅读者只有同行,很少触及公众。但"网文"不一样,它直接面对异质的普通公众。众所周知,公众是千差万别的、形形色色的。有些公众可能是理性的、平和的,但不少是偏激的、非理性的,极易感情用事或受外部力量的蛊惑。高校教师很有可能因其公共言论,尤其涉及种族、宗教、阶级、性别、同性恋等极富争议性的敏感话题,遭到一些狂热分子的扭曲与误解,进而遭受到各种"网暴",包括谩骂、骚扰、恐吓、隐私侵犯、暴力威胁,乃至死亡威胁。例如,波士顿大学(Boston University)助理教授塞达·格兰迪(Saida Grundy)因在个人推特上发表抨击白色人种的言论(尽管学术研究支持她的观点),遭到不少保守

---

① Schuman R. The brave new world of academic censorship[EB/OL]. (2013-12-23)[2021-10-24]. https://slate.com/human-interest/2013/12/kansas-university-system-censorship-social-media-and-academic-freedom.html.

白人的谩骂与攻击,并要求校方开除她。① 针对这种情形,美国教育研究协会(American Education Research Association)在 2016 年度的年会上,甚至还专门小组讨论了如何预防和处置"网文"给高校教师,尤其是那些尚未获得终身教职的教师,所可能带来的各种社会风险。②

　　此外,在国外,不少针对高校教师的人身攻击并不是随机的、孤立的,而是有组织的、有目的的。外部高压的政治氛围使得一些致力于"网文"创作的教师遭到的攻击变得更为频繁。以美国为例,社会上一些极端分子对美国高校教师的攻击让高校自身、学术协会不得不严肃探讨和对待这个问题,以让教师豁免于社会风险。例如,科罗拉多大学(University of Colorado)教授艾比·费伯(Abby Ferber)在研究了曾经受到各种攻击的美国高校教师后,对于校方如何保护高校教师提出了 12 条建议,其中包括:提前制订好防范高校教师受到社会威胁后的应对方案。要主动化解,而不是被动应对;人身安全优先;大学应公开谴责攻击行为;对遭到攻击后教师接下来做什么,提供资源与信息;询问教师需要什么,给受到攻击的教师提供心理服务等。③ 总之,针对高校教师各种各样的网络攻击与谩骂不仅打击了一部分正在从事"网文"创作的教师的意愿,而且也引发了那些将来打算从事"网文"创作的教师的担忧,进而在客观事实上造成一种寒蝉效应。④

　　① 　Jaschik S, Grundy S. Moving forward[EB/OL]. (2015-08-24)[2021-10-24]. https://www. insidehighered. com/news/2015/08/24/saida-grundy-discusses-controversy-over-her-comments-twitter-her-career-race-and.

　　② 　Wexler E. The Education Twitterati[EB/OL]. (2016-04-12)[2021-10-24]. https://www. inside highered. com/news/2016/04/12/how-academics-use-social-media-advance-public-scholarship.

　　③ 　Ferber A L. Faculty under attack[J]. Humboldt Journal of Social Relations,2017(39): 37-42.

　　④ 　Straumsheim C. Controversies as chilling effect[EB/OL]. (2015-10-14)[2021-10-24]. https://www. insidehighered. com/news/2015/10/14/survey-reveals-concerns-about-attacks-schol ars- social-media.

四、"网文"纳入晋升体系带来额外负担的忧虑

在许多大学，尤其是研究型大学，大部分教师都面临着沉重的教学与科研压力，有些甚至已处于超负荷运行的状态。他们不仅需要把大量的时间用在准备教学上，而且随着晋升条件的水涨船高和世界大学排名竞争的日益激烈，他们被要求发表更多数量、更高质量的科研论文，争取更多的科研基金。舒斯特尔（Schuster）等人的研究表明，美国高校教师，无论男女，平均每周的工作时间长达 55 个小时。[①] 在这种工作强度下，越来越多的高校教师感受到一种前所未有的压力，经受了各种负面的情绪——"一种不愉快的情感，如紧张、挫折、焦虑、生气以及压抑"，以至于将近一半的教授曾经考虑过离开高等教育机构。[②]

在此大环境下，一些高校教师不免担心：一旦"网文"被强制纳入学术评价体系，它会不会演变成另一种形式的教师晋升标准？如果担心变成现实，那肯定会给自身带来额外的评价压力，进而让本来就严重的工作压力问题雪上加霜。对此，澳大利亚学者林可婷（Tseen Khoo）就忧虑道："要求高校教师在公共媒体发表文章，是不是增加了另外一种职称晋升标准？是不是意味着助理教授晋升为副教授时需要在报纸上发表两篇专栏文章？副教授晋升为教授之前需要接受国家电视台的访谈？"[③]可能正是出于此方面的担忧，目前已经把"网文"纳入学术评价体系的国外高校，仅仅是把"网文"作为教师考核中的一

① Schuster J H, Finkelstein M J. The American Faculty：The Restructuring of Academic Wand Careers[M]. Baltimore：Johns Hopkins University，2006：19.

② Delello J A, McWhorter R R, Marmion S L. The life of a professor：Stress and coping[J]. Polymath：An Interdisciplinary Arts & Sciences Journal，2015(1)：39-58.

③ Khoo T. Academic promotion by media presence？［EB/OL］.（2020-04-24）［2021-10-24］. https://theresearchwhisperer.wordpress.com/2015/04/14/academic-promotion-by-media-presence/.

个加分项，而没有做出强制性要求。

五、"网文"质量与影响力评价标准的缺失

推动"网文"纳入学术评价体系，首先需要回答一个核心问题：如何令人信服地评判"网文"的质量和社会影响力？显然，"网文"的形式多种多样，既包括文字类作品，又包括动漫、影音作品等。此外，"网文"发表的渠道也存在多种选择，既可以在知名报纸上传播，也可以在电视上传播，或者在自媒体上传播。"网文"的特性使得它很难像传统论文一样，依靠同行评议和发表期刊的档次来做评价。尽管国外一些学者开发出替代计量指标，并用它来评判"网文"的质量和社会影响力，但如前所述，替代计量本身并不完美。显然，"网文"质量和影响力不能简单地用阅读、转载、点赞、分享和下载的次数来衡量，也不能简单依靠"网文"传播的公共平台来评价。如果单纯依靠点击量来评价，我们很难不保证一些别有用心的学者为了获得点击量，有意作假买流量或者有意发表一些夺人眼球但观点错漏百出、没有任何意义的文章。

另外，从社会心理学的角度来讲，公众的阅读兴趣存在着明显的"内容偏见"(content bias)，即越是与当前热点事件联系紧密的文章或影音作品，越容易引起公众的关注。当然，如果高校教师对热点事件的解读有足够的深度，且能对公众的智识产生积极的影响，这自然是可取的。但是，如果高校教师不顾个人的专业知识，一味蹭热度、博眼球，哪怕其创作的"网文"点击量再高，替代计量指标得分再高，都不值得推崇。美国学者雷切尔·博哈特(Rachel Borchardt)对此指出，替代计量指标作为一种评价社会影响力的指标，展示的只是高校教师创作的"网文"被讨论的程度，至于作品本身质量如何，在公众心中的口

碑如何,则有待于读者评判了。① 换言之,替代计量指标并不能作为评价"网文"质量和影响力的工具,它只是向人们提供了评判"网文"社会影响力的另一种视角。

正是因为"网文"质量的评价缺乏一个标准,国外高校管理者总体上持一种不太信任的态度。布莱克•卡梅隆(Blake Cameron)等人2016 年发表的一份调查报告显示,在美国和加拿大医学专业,与在传统的学术期刊上发表论文相比,只有23%的系主任认为医学研究工作者在电子杂志上发表的文章(一般有网上的外审专家)在教师晋升中扮演着重要或非常重要的角色;当被问到在自媒体(包括个人的博客)上发表的文章是否具有与论文同等的价值时,仅有2%的系主任认为二者具有同等性——这个比例几乎低到可以忽略不计。② 这个调查数据其实并不出乎人的意料,在没有一个令人信服的"网文"质量评价标准的框架下,很难让高校管理者相信教师在互联网上发表的一篇"网文"与在传统学术期刊上发表的论文具有同等的价值。

第五节 美国高校对教师网络言论的政策规制与争议

就其本质而言,"网文"属于一种网络言论。既然是网络言论,那么必然会受到法律的规制。在美国这个注重法治的国家,高校教师的网络言论会受到诸多法规的限制。本节主要着眼于美国高校内部对

---

① Padula D, Williams C. Enter alternative metrics: Indicators that capture the value of research and richness of scholarly discourse[EB/OL]. (2015-10-12)[2021-10-24]. http://blogs. lse. ac. uk/impactof socialsciences/2015/10/12/enter-alternative-metrics/.

② Cameron C B, Nair V, Varma M, et al. Does academic blogging enhance promotion and tenure? A survey of US and Canadian Medicine and Pediatric Department Chairs[J]. JMIR Medical Education, 2016(1):1-7.

教师网络言论的政策规制及其背后的各种争议。

当前,大部分美国高校都制定了针对教职工(包括大学生)的社交媒体政策(social media policy)或社交媒体指南(social media guideline)。需要说明的是,社交媒体政策并不是高校所独有的,它最先出现在公司,是指一种雇员以个人的名义或公司职员的名义在网上发布内容的行为准则,其目的是为恰当的行为设定预期,以确保雇员在网上发布的内容不会让公司卷入法律纠纷或公共难堪(public embarrassment)之中。[①] 而后,出于相似的目的,其他组织(如政府机构、高校团体等)也纷纷制定了本部门的社交媒体政策。下文将着力分析美国高校社交媒体政策出台的背景,介绍美国高校社交媒体政策的主要内容,探讨美国高校社交媒体政策在实践中碰到的争议,最后分析它给我国高校所带来的启示。

一、美国高校社交媒体政策出台的背景

得益于网络技术的迅猛发展,越来越多的人开始接触和广泛使用各种社交媒体,包括脸书、推特、博客、微信、抖音等。在高等教育领域,不仅师生广泛使用社交媒体进行学习、教学、研究和沟通,而且大学本身也在积极利用不同形式的社交媒体进行宣传和推广。然而,人们在使用这些便捷的工具进行交流和互动的时候,有意无意中却引发了一系列问题,包括侵犯个人隐私、违反知识产权、传播不实信息等等。其中,最严重的问题是教师在社交媒体上发表的"不当言论"所引发的舆论风波。

例如,2013 年 6 月 2 日,杰弗里·米勒(Geoffrey Miller)发表了一

---

① Schuchart W. Social media policy[EB/OL]. (2011-08-01)[2021-09-18]. https://search-compliance.techtarget.com/definition/social-media-policy.

条推文:"亲爱的胖子博士申请人:如果你没有停止进食碳水化合物的意志力,你也将没有写好博士论文的意志力。这是一条真理。"正如人们可能所预料的,不仅他本人立即招来一些网友的猛烈攻击,而且其所在的大学成了众矢之的。当时,米勒是纽约大学(New York University)的访问教授,原工作单位是新墨西哥大学(University of New Mexico)。事件爆发后,米勒迅速在推特上致歉,并把个人的推特账户设为私密账户。然后,他告诉其所在新墨西哥大学的系主任:那条推文是其研究项目的一部分。但是,纽约大学和新墨西哥大学都对该事件展开调查,且米勒本人受到新墨西哥大学的正式谴责,几乎因此丢失工作。[①]

再如,2014 年 11 月,马凯特大学(Marquette University)副教授麦克亚当斯(McAdams)撰写了一条博客,指控该校教学助理谢丽尔·阿巴特(Cheryl Abbate)出于个人的政治信仰,禁止在课堂上讨论同性恋婚姻这一话题。他的指控主要基于一个学生私底下的课堂录音。但是,阿巴特声称,事情不是这样子的,麦克亚当斯的博客扭曲了当天课堂发生的事件。不过,随着麦克亚当斯的博客在网络广泛传播,不少保守的美国人士不分青红皂白,对阿巴特发起了各种网络攻击与谩骂。校方知晓此事后,认为麦克亚当斯的网络言论不符合职业伦理,误导了公众,不仅令阿巴特本人遭到"网暴",而且损害了马凯特大学的声誉。2015 年 2 月,校方收回了他的终身教职,并决定开除他。对于学校的惩处,麦克亚当斯声称基于学术自由的条款,他拥有撰写那条博客的权利,并扬言"他不会安静地离开",并决定就学校错误的展开诉讼。①

　　这样的案例并不是孤案,近年来人们经常可以在新闻上看见类似因不当言论引发的争议与诉讼。为何会有这么多的案例发生? 这跟社交媒体的性质紧密相关。第一,社交媒体通常不存在审核机制,高校教师可以随时随地发表个人言论。一些没有经过深思熟虑的、不负责任的,甚至在他人看来非常愚蠢的言论,很容易"脱口而出"。哪怕教师第一时间删除,只要有人截图留证,或通过技术手段恢复,其造成的负面影响就很难挽回。第二,社交媒体上公与私的界限非常模糊。一些社交媒体平台往往需要通过添加关注或认证邀请的方式,才能看见原作者发布的内容,但这绝不表示他可以在其"私人领地"毫无顾忌地畅所欲言。且不说一些人可以通过技术绕过各种隐私设置,只要有一人把其内容转发出去,其内容就公开化了。第三,社交媒体是扁平的,它可以让高校教师的观点迅速抵达公众,过激的、负面的言论往往能像病毒一样迅速传播,并引发一场舆论风暴。

　　显然,规范和引导教职工的网络沟通行为,杜绝诸如此类的负面新闻,维护好教师以及高校自身的形象和声誉,就成为美国高校制定社交媒体政策(一些学校亦称为社交媒体指南)的一个重要背景。托尼·麦克尼尔(Tony McNeil)对此就指出,高校的社交媒体政策表面上是鼓励教师负责任地使用社交媒体,敦促教师形成好的网络沟通行为,但隐藏的目的是在激烈的高等教育市场环境中保护大学的声誉和品牌价值。② 这其实不难理解,因为美国高等教育市场竞争十分激烈,高校不仅要相互竞争生源,而且要竞争办学资金、排名以及声誉,高校

---

　　① Jaschik S. Firing a faculty blogger[EB/OL]. (2015-02-05)[2021-11-03]. https://www. insidehighered. com/news/2015/02/05/marquette-moves-fire-controversial-faculty-blogger.

　　② McNeil T. "Don't affect the share price": Social media policy in higher education as reputation management[J]. Research in Learning Technology,2012(20):152-162.

管理者自然要努力维护大学的品牌、形象与声誉,防止教师在网上发表不当言论而伤及大学的市场竞争力。

例如,亚利桑那大学(University of Arizona)的社交媒体政策就写道:"社交媒体赋予了人们互动、建立关系、强化人际与专业联结的机遇。作为亚利桑那大学的一员,我们必须意识到:社交媒体的内容可能会影响我们个人的声誉和专业可信度,以及其他人员对亚利桑那大学的感知。制定本指南的意图是:当你无论是出于个人目的还是专业目的使用社交媒体时,确保你的利益以及大学的利益不受损害。"[①]又如,达拉斯大学(University of Dallas)的社交媒体政策写道:"社交媒体作为一种强有力的沟通和营销工具,有可能对组织和专业声誉产生重大影响。由于个人的声音与机构的声音往往缺乏一个清晰的界限,达拉斯大学故而起草此份政策,目的是帮助大家在使用社交媒体时明晰二者的界限,以最好地维护和提升个人与专业声誉。"[②]再如,美国天主教大学(Catholic University of America)的社交媒体政策写道:"社交媒体在大学社区中扮演着至关重要的角色。同时,学校致力于在官方事务上寻求统一的声音,致力于保护大学的声誉,以及致力于有效传达大学的使命。为了达成这些目标,本政策将为教职工和学生如何使用社交媒体网站阐明要求与指南。"[③]

二、美国高校社交媒体政策的主要内容

美国高校的社交媒体政策通常由学校人力资源部门或营销与宣

---

① University of Arizona. Social media guidelines [EB/OL]. (2016-05-23) [2021-08-12]. https://policy. arizona. edu/employment-human-resources/social-media-guidelines.

② University of Dallas. Social media policy[EB/OL]. (2015-01-12)[2021-08-12]. https://udallas. edu/offices/communications/social/social-policy. php.

③ Catholic University of America. Social media policy[EB/OL]. (2018-10-29)[2021-09-20]. https://policies. catholic. edu/marketing-communications/socialmedia. html.

传部门(office of university marketing communications)负责制定和实施,最后由董事会批准生效。纵观美国高校社交媒体政策文本,可以发现,不同高校的政策文本篇幅长短不一,结构不尽相同,内容的侧重点也不尽相同。例如:亚利桑那大学的社交媒体政策主要涵盖"保护你自己"、"保护其他人的隐私"以及"保护大学的资产和声誉"三个方面的内容;威斯康星大学麦迪逊分校(University of Wisconsin-Madison)则主要从"使用者代表个人"和"使用者代表学校"两个方面来规定教师如何使用社交媒体[①];佛罗里达大学(University of Florida)的社交媒体政策主要规定了哪些是允许的行为,哪些是禁止的行为[②]。下文将尝试归纳美国高校社交媒体政策所共同囊括的内容。

(一)社交媒体的价值与定义

美国高校社交媒体政策通常都会首先提到社交媒体之于高校的价值与意义,以及社交媒体的定义。例如,哈佛大学在其社交媒体指南中写道:"哈佛大学认可通过社交媒体进行沟通的重要价值与益处。社交媒体是一种强有力的工具,学校借助它可以向共同体传播相关的新闻,聆听人们关于哈佛的声音与感知,以及与我们的受众在线上联结在一起。哈佛支持师生使用社交媒体分享新闻,与世界各地的受众对话,鼓励不同院系、研究机构等评估哪些社交媒体平台适合宣传其目标,以及如何处理这一新媒体所带来的独特挑战……社交媒体包括

---

① University of Wisconsin-Madison. Social media [EB/OL]. (2018-11-14)[2021-09-22]. https://universityrelations. wisc. edu/policies-and-guidelines/social-media/.

② University of Florida. Social media[EB/OL]. (2020-08-09)[2021-09-16]. https://hr. ufl. edu/forms-policies/policies-managers/social/#:~:text=The%20purpose%20of%20this%20policy%20is%20to%20provide, concerning%20or%20impacting%20the%20University%20of%20Florida%20%28UF%29.

博客、维基（wiki）、社交网络（例如脸书、推特、YouTube[①]、LinkedIn[②]、Instagram[③]、Tumblr[④] 等）、个人网站，以及其他各种尚且没有开发出来的社交媒体。"[⑤]

（二）社交媒体使用的一般原则

第一，保密。美国高校普遍提到，不要把大学、学生、校友或同事的保密或专有信息（proprietary information）发布到社交媒体上。在发布之前，应做出恰当的伦理判断，并遵守大学的政策和联邦政府的法律，其中就包括《健康保险携带和责任法案》（Health Insurance Portability and Accountability Act）与《家庭教育权利和隐私权法案》（Family Educational Rights and Privacy Act）。

第二，维护隐私。美国高校普遍提到，未经允许，不得在透露真实姓名或公布他人相片的情境下讨论他人。此外，任何不宜在公共论坛发布的内容，也不要分享在个人的社交网页上。

第三，不要伤害。美国高校普遍提到，教职工不要在网络社交媒体上发布会对大学以及其他人员产生伤害的内容。

第四，理解个人的责任。美国高校普遍提到，教职工要对自己在不同形式的社交媒体上发布的内容负责。由于在网络上发表的内容一直都会存在，因而同时要学会保护自己及他人的隐私。同时，个人要遵守社交媒体网站的规定，避免个人的言论卷入各种法律纠纷。

---

① YouTube 是美国一家在线视频分享和社交媒体平台，创建于 2005 年。

② LinkedIn 是美国一家在线职场社交平台，创建于 2003 年。

③ Instagram 是美国一款在移动端上分享照片的社交平台，创建于 2010 年。

④ Tumblr 是美国一家轻博客网站，是一种介于传统博客和微博之间的新媒体形态，创建于 2007 年。

⑤ Harvard University. Guidelines for using social media[EB/OL]. (2014-08-20)[2021-09-22]. https://hr. harvard. edu/staff-personnel-manual/general-employment-policies/guidelines-using-social-media#：～：text = Harvard％20supports％20the％20use％20of％20social％20media％20to, will％20handle％20challenges％20unique％20to％20this％20new％20medium.

第五，保持透明。美国高校普遍提到，专业与私人事务的界限有时候是模糊的，因此有必要注意个人在社交媒体上发布的言论以及潜在的受众。教职工需要明确其身份。教师在发表与专业无关的内容时，可以仍然以在校教师的身份自居，但是需要明白：教师仅代表个人，不代表大学。

第六，成为一名有价值的成员。美国高校普遍提到，教职工在社交媒体上的言论应该是一种有价值的洞见。教师参与讨论时，不要哗众取宠，也不要"乱带节奏"，更不要张扬自己。

第七，三思之后再发帖（think before you post）。美国高校普遍提到，在社交媒体上，没有任何事情是私人的，搜索引擎可以找到你曾经发过的帖子和照片，档案系统甚至能恢复你删除的内容。因此，教职工在发帖时，要保持一颗清醒的头脑和平静的心态，切莫在气头上发表言论。

（三）教师以个人身份使用社交媒体的规定

美国高校普遍提到，学校鼓励教职工在个人的社交媒体上分享校方发布的新闻与事件。不过，教师以个人身份在社交媒体发表言论或分享信息，还是有可能会被他人误以为是以大学教师的身份发布内容，此时就需要向外部明确：不是代表大学，而仅仅代表个人。为了避免可能的混淆，教职工在社交媒体使用中，一般应注意以下事项：

第一，保持真实身份。教师以个人名义在社交媒体发布内容时，其身份可以仍然是大学教师，没有必要刻意隐瞒。然而，有一点务必要清楚：只是分享个人的观点，而不是代表大学。

第二，使用免责声明。如果在社交媒体上发布的内容与其工作或学校有关，使用如下免责声明："在此发布的内容仅代表个人，不代表本人所在大学的立场、策略或意见。"

第三，大学标识的使用。在个人社交账户上，不得使用没有经过校方论证的大学标识或图片，也不得使用大学的名号来推销教师个人的任何产品、政党或候选人。

第四，保护个人的身份信息。美国高校鼓励教师在社交媒体上使用真实身份，但是不要透露个人的信息，如家庭地址、电话号码等，以免落入网络诈骗分子或身份信息窃取者手中。此外，教师最好申请一个专门用于社交媒体沟通的电子邮箱。

第五，发布的内容要经得起公开测试。如果教师发布的内容在面对面的谈话、电话聊天或其他渠道尚且不能接受，那么在社交网站上也将是不可接受的。因此，教师在发布内容时，需要反问自己：我想看见它出现在明天或10年后的新闻报纸或广告牌上吗？

第六，尊重你的受众。教师在社交媒体上不得使用种族歧视的言语、人身侮辱、污言秽语或参与其他不被大学共同体接受的任何行为。不得基于年龄、肤色、信仰、残疾、国籍、种族、宗教、性取向而取笑、挖苦或贬低他人。此外，教师需顾虑到他人的隐私，发布的话题需要考虑其敏感性，如涉及政治与宗教的议题。

第七，监管评论。绝大部分高校教师是欢迎公众对其发布在社交媒体上的内容进行评论的，它不仅可以提升教师与公众的信任度，而且可以促进双方形成一种共同体。然而，教师最好还是需要在个人社交网站做一些设置，包括在公众的评论展示出来之前，事先进行审核和批准。此外，教师可以删除垃圾评论和阻止任何一个重复性发表冒犯性或无聊评论之人。

（四）教师以在校教职工的身份使用社交媒体的规定

美国高校普遍提到，社交媒体改变了人们的工作与人际沟通方式，促进了人们之间的公开交流和学习。作为数字时代的产物，学校自然鼓励教师用社交媒体进行知识分享、教学与科研等。但是，教师一旦以其所在高校教职工的身份使用社交媒体，这就意味着他代表的

是学校,这时就需要注意以下事项:

第一,保证发布内容的准确性。在社交媒体上发布内容之前,教师务必确保掌握了所有的事实,最好是找到一手资料或来源,以确保信息来源的可靠性。这样比发现错误再做修正或撤回要好得多。总之,在社交媒体上发布的内容,要尽一切可能引用和链接相关信息的来源。

第二,保持透明。教师在以其所在学校教职工的身份参与线上活动或注册社交媒体账户时,需要清晰地阐明其角色与目标。此外,教师需要时刻提醒自己:当教师以学校的名义在网上发布内容时,公众并不知道其个人,而是会直接联想到学校。因此,教师在网上发言时,务必谨慎,务必谦恭。

第三,文责自负。当教师以学校教职工的名义参与社交媒体时,需要认真严肃对待,要对自己所言所行负最终责任。如果有人支付报酬,让其以大学教师的身份参加社交媒体上的活动;或者不能确定某些内容是否合适以在校教职工的名义发表时,请联系学校相关部门(如宣传部)后再做决定。

第四,尊重他人。关于这一点,无论是教师作为个人,还是代表学校,都需要尊重他人。而且当教师在网上与他人讨论时,无论别人是否同意其观点,都需要尊重他人,不得出口伤人。

第五,成为一名有价值的成员。教师如果加入某个社交网络群体(例如脸书)或评论其他人的博客,要确保自己的言行是有价值的。教师可以在社交媒体上发布自己的新书,也可以发布学校的讲座信息,但须确保读者对此感兴趣且能从中受益。在一些网络论坛上,夸夸其谈、自我吹嘘的行为是被人鄙视的,甚至有可能被驱逐出社交圈,当教师以在校教职工身份参与社交媒体时,尤其要注意这一点。

第六,学校商标的使用。教师以在校教职工的身份申请的社交媒体账户,可以使用学校的标识。当然,具体的规定还需跟学校相关部门进一步确认。

(五)违反社交媒体政策的惩处

违反社交媒体政策的教职工会受到何种惩处,大多数美国高校并没有给予明确的规定,而是以一句话或一段话笼统概括。例如,辛辛那提大学(University of Cincinnati)的社交媒体政策指出:"违反社交媒体政策的教职工将面临纪律惩戒(disciplinary action)。依据违规的性质与严重程度,惩戒包括终止雇佣合约。"[①]再如,康涅狄格大学(University of Connecticut)的社交媒体政策写道:"制定这一政策的目的是告知本校教职工,要用一种负责任的方式使用社交媒体,且要知道个人在使用社交媒体时应承担的职责。如果没有遵守本政策确定的规章条例,个人将受到纪律惩戒、个人责任(personal liability)或其他处罚。特别是,当个人使用社交媒体时有涉及信息隐私、侵犯版权或其他人的知识产权,或者对他人构成威胁、骚扰或其他非法的行为,受到的惩处(将会更严厉)。"[②]

三、美国高校社交媒体政策的主要争议

如前所述,美国高校制定社交媒体政策,表面目的是规制教师的网络言论,实质目的是维护大学声誉。在这种语境下,必然会给高校教师带来过高的期望和压力。劳伦·索伯格(Lauren Solberg)对此就指出:"一些高校的政策直接或间接地要求,教师在网上发布内容时,

---

① University of Cincinnati. Social media policy[EB/OL]. (2020-10-09)[2021-09-06]. https://www.uc.edu/about/marketing-communications/digital-social/social/social-media-policy.html.

② University of Connecticut. Social media policy [EB/OL]. (2018-11-29)[2021-09-06]. https://policy.uconn.edu/2015/02/12/https-policy-uconn-edu-wp-content-uploads-sites-243-2019-01-uconn-social-media-policy_rev-11-28-18-1-pdf/#.

时刻都要意识到自己代表学校,因而要严格要求自己,谨言慎行。但是,这一要求给高校教师带来了巨大的负担——这相当于要求他们达成一个不可能实现的高标准。"①

然而,这不是美国高校社交媒体政策所带来的主要问题或者说争议。深层次的问题是:美国高校社交媒体政策在制定与执行过程中,如何在维护大学声誉的同时坚守学术自由? 梅勒妮·克斯特尔(Melanie Kwestel)等人对此就指出,保护学术自由与管理机构声誉之间存在巨大的张力,社交媒体政策在执行过程中势必会造成高校教师和行政人员的冲突与摩擦,严重损害学术自由。②

众所周知,学术自由是美国学术界普遍遵循和维护的一条基本法则。在学术自由的保护下,高校教师享有研究、出版和教学的权利,以及作为一个公民就社会重要关切的议题发表言论的权利,哪怕其观点是不受欢迎的、充满争议的,甚至是错误的。美国学术界之所以一直捍卫学术自由权,不是因为教师的言论(包括愚蠢的言论)能够促进公共话语,而是因为说错话而遭受惩罚的恐惧将会使教师噤声。③ 随着网络技术的迅猛发展,美国的学术自由环境发生了剧烈的变革。在此背景下,美国大学教授协会(AAUP)于 1997 年发布报告《学术自由与电子沟通》("Academic freedom and electronic communications")(该报告先后于 2004 年和 2013 年修订过),重申了数字时代的学术自由:"除非一些极为特殊的情况,如电子媒体本身需要受到不寻常的限制,学

① Solberg L B. Balancing academic freedom and professionalism: A commentary on university social media policies[J]. FIU Law Review, 2013(9):74-76.

② Kwestel M, Milano E F. Protecting academic freedom or managing reputation? An evaluation of university social media policies[J]. Journal of Information Policy, 2020(10):151-183.

③ University of Florida. Social media[EB/OL]. (2020-08-09)[2021-09-16]. https://hr.ufl. edu/ forms-policies/policies-managers/social/#:～:text = The％20purpose％20of％20this％20policy％20is％20to％20provide, concerning％20or％20impacting％20the％20University％20of％20Florida％20％28UF％29.

术共同体内部的学术自由、探究自由以及言论自由,在数字时代所受到的限制不应超过印刷时代。"①

　　显然,美国高校的社交媒体政策(背后映衬的是对教师网络言论的各种规范与控制),在相当程度上是与学术自由相悖的。即便美国一些高校在社交媒体政策中明确表示维护学术自由,但同时强调要保护大学的品牌与声誉,尽可能减少法律风险。例如,佛罗里达大学的社交媒体政策写道:"佛罗里达大学致力于最高准则的言论与表达自由。佛罗里达大学认可社交媒体在言论自由中所扮演的关键角色,以及在学生、教师、后勤人员、校外同行以及普通公众的沟通、合作和互动中所发挥的作用。佛罗里达大学鼓励其员工作为一种工具来使用社交媒体:联结佛罗里达共同体,促进全校师生就事关学校发展的议题进行有意义的参与和对话。这一政策的目的是保证教职工恰当地使用社交媒体,同时禁止教职工借助社交媒体开展违法的、有违学校政策法规或有悖职业准则的行为。"②这充分说明,美国高校的社交媒体政策对大学声誉的保护超过对学术自由的维护。

　　在美国高等教育领域,由于高校社交媒体政策与学术自由原则相左而引发的争议时有发生,而其中又以堪萨斯大学(University of Kansas)最为典型。2013 年 9 月,华盛顿海军工厂(Washington Navy Yard)发生了一起造成 13 人死亡、多人受伤的严重枪击事件。堪萨斯大学新闻学教授大卫·古思(David Guth)就该事件在推特上发表言论,要求政府严格管控枪支,并大肆攻击美国步枪协会(National Rifle

---

① American Association of University Professor. Academic freedom and electronic communications [EB/OL]. (2014-02-14) [2021-10-01]. https://www. aaup. org/report/academic-freedom-and-electronic-communications-2014.

② University of Florida. Social media[EB/OL]. (2020-08-09)[2021-10-01]. https://hr. ufl. edu/forms-policies/policies-managers/social/ # : ～ : text ＝ The％ 20purpose％ 20of％ 20this％ 20policy％20is％20to％ 20provide, concerning％ 20or％ 20impacting％ 20the％ 20University％ 20of％ 20Florida％ 20％28UF％29.

Association，NRA)："死者的鲜血就在 NRA 的手中。下一次，希望中枪的是你们的子女。为你们感到羞耻。愿上帝诅咒你们。"[1]他的这番激烈言论立即在网络上疯传。许多枪支拥护者感觉受到了莫大的冒犯。不少人对古思展开了人身攻击和死亡威胁，一些州议员也向学校施压，要求立即开除此人。最终，尽管学校重申该教师的言论自由权，但为了减轻外部压力，古思还是被无限期停职待岗。

2013 年 12 月，有鉴于大卫·古思引发的舆论风波，堪萨斯大学制定了新的社交媒体政策。根据政策，学校教职工有可能会因为"不恰当地使用社交媒体"而遭到停职、解雇或开除。而对于什么是"不恰当地使用社交媒体"，该校的规定可谓相当宽泛：教师的网络言行只要是"违背了大学的最大利益"，或者"损害了上级的纪律或破坏了同事间的和谐……干扰到学校的日常运作，或者对学校有效提供服务的能力产生负面影响"[2]，都可以认为是不恰当地使用社交媒体。尽管堪萨斯大学的社交媒体政策也提到，要在维护大学利益与保障教职工作为公民的言论自由权利之间保持平衡，但对于如何实现平衡只字不提。此外，该校的政策对于如何区别教职工是以个人名义还是以学校公职人员的名义使用社交媒体，也没有一个明晰的界定。

堪萨斯大学新的社交媒体政策迅即在美国学术界引起广泛的争议。赞成者认为，为了敦促大学教职工负责任地使用社交媒体和维护大学的品牌与声誉，出台这样的政策合情合理。堪萨斯州一名州议员

---

① Fox News. Kansas professor placed on leave after tweet about Navy Yard killings[EB/OL]. (2013-09-20)[2021-09-18]. https://www.foxnews.com/us/kansas-professor-placed-on-leave-after-tweet-about-navy-yard-killings.

② American Association of University Professor. AAUP statement on the Kansas Board of Regents social media policy[EB/OL]. (2013-12-20)[2021-10-01]. https://www.aaup.org/file/Kansas Statement.pdf.

对此评价道："大学需要赋予一定的灵活性，用以处理那些玷污大学形象的教职工。"①堪萨斯大学董事会主席弗雷德·罗根（Fred Logan）指出，这项政策是合乎宪法框架的。根据 2006 年美国最高法院在"加希提诉塞巴罗斯"（Garcetti v. Ceballos）一案中的判决，公职人员依据其公共职务而发表的言论，不享受宪法保护，只有当其以普通民众的身份发表言论，才受美国第一修正法案的保护。② 此外，董事会还援引 1940 年 AAUP 发布的《学术自由与终身制原则的声明》（"Statement of principles on academic freedom and tenure"）的部分内容为这项政策做辩护："高校教师既是公民，又是专业人员和教育机构的公职人员。当他们以公民身份发言或写作时，应免于机构的审查或惩处，但他们在共同体的特殊位置施以其特殊责任。作为学者和教育公职人员，他们应谨记：公众可能会通过其言论来判断其职业与所在高校。因此，他们应时刻保持准确，予以适当限制，展示对他人意见的尊重，并尽一切努力表明他们不是在代表学校说话。"③

　　但是，批评者认为，学术自由是高等教育机构不可或缺的品质，当教师以普通人的身份发表言论时，应免于学校的审核或惩处。显然，堪萨斯大学的社交媒体违背了学术自由原则。堪萨斯州立大学（Kansas State University）费尔·内尔（Phil Neil）在其个人博客上对这项政策评价道："我实在很难理解，堪萨斯大学董事会作为一个监督教育系统的实体，原本是用来促进思想的自由与开放交换，如今却走

---

①　American Association of University Professor. AAUP statement on the Kansas Board of Regents social media policy [EB/OL]. (2013-12-20) [2021-10-01]. https://www. aaup. org/file/Kansas Statement. pdf.

②　Darryn Cathryn Beckstrom. Reconciling the public employee speech doctrine and academic speech after Garcetti v. Ceballos[J]. Minnesota Law Review，2010(3):1202-1238.

③　American Association of University Professor. 1940 statement of principles of academic freedom and tenure [EB/OL]. (2010-10-21) [2021-09-19]. http://www. aaup. org/report/1940-statement-principles-academicfreedom-and-tenure.

向了反面。"①费尔·内尔还说道,他的这番评论将有可能导致他被解雇,因为按照新的政策,他的这一言论可划归为不恰当使用社交媒体,违反了学校最佳利益。此外,AAUP等组织也公开批评了这项政策。AAUP谴责道:"该政策赤裸裸地违反了美国高等教育近1个世纪以来的基石——学术自由原则。"AAUP强烈要求堪萨斯大学董事会重新考虑这一决议,废除这项不明智的政策,并与教职工代表重新制定一项新的社交媒体政策。新的政策应既能够保护大学在安全与效率上的合法利益,又能维护大学师生不受束缚地分享思想与信息的最高利益。②

那么,面对内外部的广泛争议,堪萨斯大学董事会有没有废除这项新的政策,重新制定新的政策呢?一开始,董事会同意与教职工代表共同修改这项政策,但是当任务小组提出一个全新的政策时,董事会予以了否决,并几乎原封不动地保有了原政策。③ 由此可见,在机构声誉与学术自由之间,美国高校的行政管理者明显偏向前者。联系到美国高校的生存处境,这其实不难理解:一方面,当下美国大学的治理越来越多地受到政治力量的渗透,那种绝对理想状态下的大学自治与学术自由早已不复存在。对此,单·科尔森(Dan Colson)指出,堪萨斯大学董事会此次批准的社交媒体政策,其实是受到州立法机构的压力。在当前保守的政治氛围下,董事会不可能坐视不管、无动于衷。④

---

① Reichman H. Can I tweet that? Academic freedom and the new social media[EB/OL]. (2015-04-01) [2021-10-01]. https://academeblog. org/2015/04/01/can-i-tweet-that-academic-freedom-and-the-new-social-media/.

② Wilson J K. The changing media and academic freedom[EB/OL]. (2016-02-12)[2021-10-01]. https://www. aaup. org/article/changing-media-and-academic-freedom#. Xs8oHzMQ3UM.

③ Reichman H. Can I tweet that? Academic freedom and the new social media[EB/OL]. (2015-04-01) [2021-10-01]. https://academeblog. org/2015/04/01/can-i-tweet-that-academic-freedom-and-the-new-social-media/.

④ Colson D. On the ground in Kansas: Social media, academic freedom, and the fight for higher education[J]. AAUP Journal of Academic Freedom, 2014(5):1-14.

另一方面,美国大学的治理越来越受到市场逻辑的控制。阎光才教授指出:"在欧美,相对于早期人们所忧心的政治介入,新时期的市场逻辑作为一种新意识形态更有可能为学术自由带来威胁。"①美国高校的社交媒体政策所体现出来的对教师网络言论的控制、对大学声誉与品牌的维护,可以说正是市场逻辑在起作用。对此,梅勒妮·克斯特尔等人就说道:"随着大学朝着商业化的定位持续不断地重组其治理模式,声誉管理就变得更为重要,因为争议会让主要的捐赠者却步,会吸引不必要的媒体与政治注意力。"②

第六节　小　结

本章主要探讨了国外学术界"网文"纳入评价体系的行动与挑战。总体上来看,在推动"网文"纳入学术评价体系的行动中,主要包括学术协会的呼吁、高校对教师晋升机制的完善以及高校教师的身体力行,它是一种典型的自下而上的推动。虽然国外不少高校已把"网文"纳入到高校教师的晋升与终身教职的评价之中,但"网文"在其中只是扮演着一种锦上添花的角色。传统的学术评价机制与学术文化、"网文"创作的潜在风险、"网文"纳入学术评价体系增加负担的忧虑,以及一个令人信服的"网文"质量评价标准的缺失等,也在相当程度上阻碍了国外高校教师创作"网文"的热情。近年来,美国高校教师因网络言论而不断受到惩处,进一步削弱了其参与网络的意愿。相比于学术自由,高校管理者更在乎学校的声誉与品牌。

---

① 阎光才.西方大学自治与学术自由的悖论及其当下境况[J].教育研究,2016(6):142-147.

② Kwestel M, Milano E F. Protecting academic freedom or managing reputation? An evaluation of university social media policies[J]. Journal of Information Policy, 2020(10):151-183.

第四章　我国高校教师"网文"创作意愿及其影响因素

早在 2017 年，吉林大学、浙江大学等高校制定了"网文"认定与实施办法。多年过去了，我国高校教师对"网文"的了解及其创作现状如何？高校教师"网文"创作意愿如何？又受到哪些因素的影响？本章将在问卷调查的基础上对这几个问题进行回答。

第一节　理论框架与研究假设

一、理论框架

根据研究内容以及研究对象，本书通过对文献梳理发现，计划行为理论(the theory of planned behavior, TPB)在解释影响个人行为的因素上具有较强的指向性。绝大多数的研究证明，计划行为理论能够较好地了解和预测个体的行为意向及自我效能与控制感，并显著提高人们的具体态度对行为的解释力。[①]

　　计划行为理论是基于理性行为理论(the theory of reasoned action，TRA)逐步形成并发展起来的。理性行为理论认为行为意向直接决定个体的行为，而行为意向又受到行为态度与主观规范的影响。但逐渐有研究证明，个体行为并不总是只受意志控制的影响，还受到个体执行该行为的能力与条件的影响。因而，1985年，阿耶兹(Ajzen)在理性行为理论的基础之上，增加了行为控制因素，提出了计划行为理论。[②]

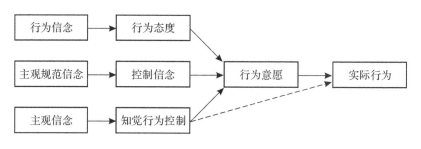

图 4.1　计划行为理论模型

　　计划行为理论认为个体是理性的，其有目的、有计划的理性行为受其行为意向的支配与影响。[③] 而行为意向又受到行为态度、主观规范以及感知行为控制三类因素的影响。除此之外，感知行为控制因素还能直接影响行为。[④]

　　其中，行为态度指的是主体对行为的正面或负面的评价，是个体对于某一行为结果的行为信念，主要受到两个因素的影响：信念强度

　　① 张锦，郑全全.计划行为理论的发展、完善与应用[J].人类工效学，2012(1)：77-81.
　　② Kuhl J，Beckman J. Action Control：From Cognition to Behavior[M]. Berlin：Springer-Verlag，1985：13.
　　③ 刘加凤.基于计划行为理论的创业教育对大学生创业意愿影响分析[J].高教探索，2017(5)：117-122.
　　④ Ajzen I. The theory of planned behavior[J]. Organizational Behavior and Human Decision Processes，1991(2)：179-211.

(the strength of belief)与行为结果评估(evaluation)。[①] 在后期的发展中,也有学者对行为态度的组成提出了新的观点。例如巴格兹(Bagozzi)就提出,TPB过于关注态度的认知或工具成分,而忽略了情绪或情感上的表现。[②]

主观规范主要指个体在决定是否实施行为时所知觉到外在压力的影响,主要由规范信念的强度(the strength of normative belief)与主体执行动机(motivation to comply)所影响。[③] 在后期的发展中,研究发现主观规范对行为意向的预测力是三者之中最小的,因而有学者提出,主观规范表现最弱的原因在于当前对主观规范的概念定义与实际影响出现偏差。因此,学者们将其分为了指令性规范与示范性规范。指令性规范是指行为主体所处的组织或重要他人认为应该怎么做,主要通过规章制度等手段对行为主体的行为产生约束或激励。示范性规范是指组织、重要他人以及其他同辈群体已经实施某一行为或者已受惠该行为,会对行为主体产生示范性作用。[④]

感知行为控制是指个体基于过去的经历或关于该行为的一些信息,所感知到实施某一行为易或难的程度。例如,个体认为执行某行为的资源较多、阻碍较少,个体则会认为对该行为具有较高的控制力。因此,个体关于资源和机会的信念,通常被视为影响个体感知行为控制的关键因素。知觉行为控制的组成成分包括控制信念(control belief)与知觉强度(perceived power)。[⑤] 控制信念是指个体所感知

———————————

① 闫岩.计划行为理论的产生、发展与评述[J].传播学研究,2014(7):113-129.

② Bagozzi R P, Lee K H, VanLoo M F. Decisions to donate bone marrow: The role of attitudes and subjective norms across cultures[J]. Psychology and Health, 2001(1): 29-56.

③ Ajzen I. The theory of planned behavior[J]. Organizational Behavior and Human Decision Processes, 1991(2): 179-211.

④ 段文婷,江光荣.计划行为理论述评[J].心理科学进展,2008(2):315-320.

⑤ Ajzen I. The theory of planned behavior[J]. Organizational Behavior and Human Decision Processes, 1991(2): 179-211.

到的可能促进和阻碍执行力的影响因素,知觉强度是指个体知觉到这些因素对行为的影响程度。一般来说,个体的行为态度越强烈,主观规范越有利,行为控制能力越强,则个体执行该行为的可能性越大。

TPB 自提出之后,被学者们广泛应用于解释各种行为的产生以及影响行为的因素上。该理论对行为的预测与解释效果显著,被认为是社会心理学中最著名的态度行为关系理论。[①] 目前 TPB 在我国主要应用于饮食行为、成瘾行为、临床医疗与筛检行为、运动行为、社会学习行为等各大领域中。在高等教育研究领域,有学者将该理论应用于对高校教师的知识共享行为以及科研创新行为影响因素进行解释。同时,TPB 也被证实具有较高的可靠性与可行性。[②] 概言之,大学教师是典型的"理性人",他们会根据自身的条件以及各种外在因素的影响而决定是否进行"网文"创作,因此符合 TPB 的前提要求。

二、研究假设

通过对大量文献的阅读,我们发现,大学教师"网文"创作的影响因素主要体现为以下方面:在高校层面上,大多研究者都提出大学教师评价机制对于大学教师从事"网文"创作等相关的社会参与型学术(social engaged scholarship)具有较大的影响力,例如耶格、卡瓦拉洛等多位学者的研究中都提到,参与型学术是否纳入大学绩效评价机制,对于大学教师是否从事参与型学术的创作具有一定的影响。同时,大学是否在经济上、政策上对教师的参与型学术进行一定的支持,也会直接影响教师对于参与型学术的创作意愿。除了外在的影响因

① 段文婷,江光荣.计划行为理论述评[J].心理科学进展,2008(2):315-320.
② 段文婷,江光荣.计划行为理论述评[J].心理科学进展,2008(2):315-320.

素,大学内部的学术文化对大学教师的意愿也会产生一定的影响。此外,整个学术圈对于学术成果的形式以及内容的认可,也会影响大学教师创作"网文"的意愿。

同时,大学教师的专业类别、性格特征、知识储备以及个人对"网文"学术的价值认可等相关因素都会影响个人的创作意愿。更有学者提出,"网文"接触群体较为广泛,可获得渠道较为简单,会带来一定的社会风险。由此可见,网络的风险性也是影响大学教师"网文"创作的一个因素。

本书主要以阿耶兹所提出的计划行为理论为框架,旨在探索大学教师"网文"创作意愿的影响因素。因此,本书认为大学教师的"网文"创作态度、主观规范、行为控制认知会对其"网文"创作的意愿产生影响,而大学教师的"网文"创作意愿对其"网文"创作行为具有重要影响。

结合以往研究者对相关内容的研究,"网文"创作态度主要指大学教师所持有的对于"网文"创作不同结果可能性的行为信念,指代个体通过对行为结果好坏、利弊的评估而产生的对该行为的态度信念。菲利普·潘等人在研究创业行为时认为,态度包括内生态度和外生态度。[①] 内生态度主要指由于个体自身因素而产生对某项行为的评价倾向;外生态度是指外在于个体的因素,例如工资、额外奖励等。赵斌等人在基于 TPB 的科技人员创新行为的研究中采用了此理论,研究结果证明其具有较高的信效度。[②] 本书的研究内容主要是大学教师的"网文"创作,也可以理解为科研人员的创新行为,因此本书借鉴菲

① Phan P H, Wong P K, Wang C. Antecedents to entrepre-neurship among university students in Singapore: Beliefs, attitudes and background[J]. Journal of Enterprising Culture, 2002(2): 151-174.
② 赵斌,栾虹,李新建,等.科技人员创新行为产生机理研究——基于计划行为理论[J].科学学研究,2013(31):286-297.

利普·潘等人所提出的观点，认为大学教师对于"网文"创作的行为也具有内生态度与外生态度。在这里，内生态度即大学教师出于兴趣爱好以及个人责任感等内在因素而产生的"网文"创作意愿影响，细化为兴趣与责任。外生态度是指大学教师出于外在的奖励、物质需求等外在因素而产生的对"网文"创作支持或阻碍的意愿，细化为外在期望报酬与外在风险感知。由此，本书提出"网文"创作态度的研究假设。

假设 1："网文"创作的外在期望报酬对大学教师"网文"创作意愿具有正向影响。

假设 2："网文"创作的外在风险感知对大学教师"网文"创作意愿具有负向影响。

假设 3："网文"创作的兴趣与责任对大学教师"网文"创作意愿有正向影响。

"网文"创作的主观规范主要包括大学教师所感知到的支持或反对"网文"创作的社会压力。在主观规范因素不断发展的同时，阿耶兹将主观规范划分为指令性规范与示范性规范，并提出了相关问卷的设计方法。在本书中，示范性规范主要是指大学组织中长期以来形成的文化氛围，对行为主体会产生示范性作用，细化为传统学术文化。指令性规范主要是指大学教师所处的组织或重要他人认为其应该怎么做，从而直接或间接对主体的行为意向产生一定的约束或激励，在本书中细化为重要他人支持。由此，本书提出"网文"创作主观规范的研究假设。

假设 4：传统学术文化对大学教师"网文"创作意愿具有负向影响。

假设 5：重要他人支持对大学教师"网文"创作意愿具有正向影响。

张圆刚等人基于 TPB 的旅游意向实证研究表明，个体身边的重要他人或组织会直接影响个体行为的意愿。[①] 重要他人也会通过内隐的方式对个体的兴趣偏好、责任意识产生一定的影响。[②] 张董敏等人在运用 TPB 的实证研究中发现主观规范会对个体的态度产生一定影响,从而影响个体的行为意愿。[③] 由此,本书认为,重要他人支持可通过兴趣与责任对大学教师"网文"创作意愿产生影响。

假设 6:重要他人支持通过自我效能感影响大学教师"网文"创作意愿。

假设 7:重要他人支持通过兴趣与责任影响大学教师"网文"创作意愿。

"网文"创作的行为控制认知是大学教师感知到的"网文"创作这一过程的难易程度,受到控制信念与知觉强度的影响。控制信念是指个体所知觉到的可能影响行为的因素,知觉强度则是这些因素对于行为的影响程度。在计划行为理论后期的发展中,阿耶兹又将其提炼为感知可控性与自我效能感。[④] 大量的研究证明了其结构的有效性。在阿米蒂奇(Armitage)等人的元分析研究结果即指出,感知行为控制变量的加入会使得 TPB 对于行为差异的解释力增强 11% 左右。[⑤] 感知可控性在本书中指大学教师对于"网文"创作过程中所需要的外在资

---

① 张圆刚,余向洋,程静静,等.基于 TPB 和 TSR 模型构建的乡村旅游者行为意向研究[J].地理研究,2017(9):1725-1741.

② 高智红.谁的选择?——重要他人对学术课外阅读选择的影响研究[D].上海:华东师范大学,2015.

③ 张董敏,齐振宏,李欣蕊,等.农户两型农业认知对行为相应的作用机制——基于 TPB 和多群组 SEM 的实证研究[J].资源科学,2015(7):1482-1490;魏叶美,范国睿.教师参与学校治理意愿影响因素的实证研究——计划行为理论框架下的分析[J].华东师范大学学报(教育科学版),2021(4):73-82.

④ Ajzen I. Perceived behavioral control, self-efficacy, locus of control, and the theory of planned behavior[J]. Journal of Applied Social Psychology, 2002(4): 665-683.

⑤ Armitage C J, Conner M. Efficacy of the theory of planned behavior: A meta-analytic review[J]. British Journal of Social Psychology, 2001(40): 471-499.

源的可控性,而"网文"创作自我效能感是指大学教师对自己是否具有从事"网文"创作相关能力的自我认知。据此,本书提出"网文"创作的行为控制认知的研究假设。

假设 8:"网文"创作的感知可控性对大学教师"网文"创作意愿具有正向影响。

假设 9:"网文"创作的自我效能感对大学教师"网文"创作意愿具有正向影响。

有研究证明,自我效能感在领导支持与绩效之间起到了中介作用,领导支持可以通过自我效能感对绩效产生影响。[1] 并且,自我效能感还会对个体的内生态度(例如兴趣、责任意识)产生影响,这在多个研究中已被证实。例如,成媛等人指出,学生自我效能感越高,学习态度(兴趣、积极性等)表现也会越积极。[2] 同样的观念也在大学教师科研产出研究中被证实,即大学教师的研究自我效能感会直接影响其科研兴趣与科研产出。[3] 因而本书认为,重要他人支持会通过自我效能感影响大学教师"网文"创作意愿,而自我效能感通过兴趣与责任影响高校教师"网文"创作意愿。

假设 10:自我效能感通过兴趣与责任影响大学教师"网文"创作意愿。

基于以上论述,本书的影响因素模型如图 4.2 所示。

---

[1] 方阳春.包容型领导风格对团队绩效的影响——基于员工自我效能感的中介作用[J].科研管理,2014(5):152-160.

[2] 成媛,赵静.生态移民区中学生学业自我效能感与学习满意度的关系:学习态度的中介作用[J].中国特殊教育,2015(7):80-85.

[3] 刘艳华,华薇娜.国外高校研究人员科研产出影响因素研究述评[J].重庆高教研究,2017(2):107-114.

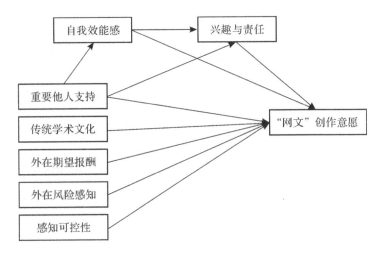

图 4.2　大学教师"网文"创作意愿的影响因素模型

第二节　研究设计与实施

一、问卷设计

在对计划行为理论分析的基础之上,本书将进一步形成高校教师"网文"创作意愿及其影响因素的问卷。本书根据上文的模型与已有的研究成果,分别针对每个变量进行题项设计。在问卷设计过程中,本书主要根据对已有文献的分析以及与相关领域学者的探讨,逐步形成关键题项。

同时,由于本书的内容较为新颖,相关的文献较为稀少。因而在检索相关文献的过程中,本书也适当参考了以高校教师科研为研究对象的相关问卷,包括高校教师科研创新行为、高校教师知识共享行为等。

（一）问卷具体条目的形成

为了确保具有高信度、高效度,问卷在计划行为理论的基础之上,也借鉴了其他学者在计划行为理论基础上发展与完善的内容,并结合高校教师"网文"创作的现实情况形成具体的题项。

1."网文"创作态度的测量

本部分量表的设计主要借鉴了菲利普·H.潘(Phillip H. Phan)等人于 2002 年设计的量表。[①] 2013 年,赵斌等人在基于 TPB 对科技人员创新行为的研究中采用了此量表,研究结果证明其具有较高的信效度。[②] 本部分在菲利普·潘量表的基础之上,结合高校教师"网文"创作中外生态度与内生态度的具体情况,形成相关题项(见表 4.1)。

表 4.1 "网文"创作态度量表结构

变量	测量问题
外在期望报酬	ER1 我希望通过"网文"创作获得经济上的回报
	ER2 我希望"网文"创作帮助我职称晋升
	ER3 我希望通过"网文"创作提高我的学术影响力
	ER4 我希望通过"网文"创作提高我的社会影响力
外在风险感知	ERA1"网文"创作潜在的校内风险(如因"不当言论"影响职位晋升或遭学校解聘)会阻碍我创作"网文"
	ERA2"网文"创作潜在的校外风险(如遭到社会公众的"网络暴力")会阻碍我创作"网文"
	ERA3"网文"创作可能会给学校声誉带来潜在风险,会阻碍我创作"网文"

---

① Phan P H, Wong P K, Wang C. Antecedents to entrepre-neurship among university students in Singapore: Beliefs, attitudes and background[J]. Journal of Enterprising Culture, 2002(2):151-174.

② 赵斌,栾虹,李新建,等.科技人员创新行为产生机理研究——基于计划行为理论[J].科学学研究,2013(31):286-297.

续　表

变量	测量问题
兴趣与责任	IAR1 我认为"网文"创作是出自个人的兴趣爱好
	IAR2 我认为"网文"创作是一种自我挑战
	IAR3 我认为"网文"创作可以给我带来成就感
	IAR4 我认为创作"网文"是在做一件有意义的事情,其意义不亚于论文写作
	IAR5 我认为大学教师不能只做纯学术研究,也需要为公众创作
	IAR6 我个人认同"网文"的社会价值
	IAR7 我个人认同"网文"的学术价值

资料来源:Pham et al.(2022)、赵斌等(2013)。

2."网文"创作主观规范的测量

本部分量表主要依据阿耶兹于 2002 年开发的量表。[①] 本书同时结合已有文献的分析结果,修改量表形成相关题项(见表 4.2)。

表 4.2　"网文"创作主观规范量表结构

变量	测量问题
重要他人支持	IPI1 在我院系或学校中的高层管理者支持大学教师进行"网文"创作
	IPI2 我认同的学者支持大学教师进行"网文"创作
	IPI3 我的科研伙伴或同事直接或间接地建议我进行"网文"创作
	IPI4 我的家人直接或间接地建议我进行"网文"创作
传统学术文化	ITAC1"网文"创作是一种不务正业、浪费时间,不是在做真正的研究、严肃的研究
	ITAC2"网文"创作无法凸显个人的学术水平,甚至会降低个人在学术界的身份与地位

---

① Ajzen I. Constructing a TPB questionnaire:Conceptual and methodological considerations [EB/OL](2002-09-15)[2020-10-10]. https://citeseerx. ist. psu. edu/viewdoc/download? doi = 10. 1. 1. 601. 956&rep=rep1&type=pdf.

续　表

变量	测量问题
传统学术文化	ITAC3"网文"创作不属于大学教师的职责范围,大学教师只需做好本职工作(如教学、科研)即可
	ITAC4 大学教师应与社会保持一定的距离或相对的独立,没有必要涉足公共领域创作"网文"

资料来源:Ajzen(2002)。

3."网文"创作感知行为控制的测量

本部分量表主要依据阿耶兹的相关量表设计。[①] 本书结合高校教师"网文"创作感知行为控制的现实表现以及相关文献查询,形成相关题项(见表4.3)。

表 4.3　"网文"创作感知行为控制量表结构

变量	测量问题
感知可控性	RC1"网文"纳入学术评价体系后,会促进我创作"网文"
	RC2 高校学术评价体系的核心仍然是传统学术,这会阻碍我创作"网文"
	RC3 高校对"网文"创作相关政策或制度的积极执行,这会促进我创作
	RC4 高校缺乏对高校教师从事网文创作的激励措施,这会妨碍我创作
	RC5 所在院系或学校为"网文"创作提供必要的物质资源(例如拍摄影音的器材、制作动漫的软件),这会促进我创作"网文"
	RC6 如果所在院系或学校为"网文"创作提供必要的技能培训(例如影音、动漫的制作等),这会促进我创作"网文"
自我效能感	CSE1 我认为我拥有足够的创作技能进行"网文"创作,如把复杂的思想、抽象的概念和严肃的科学发现转换成公众能明白的"网文"
	CSE2 我认为我拥有足够的知识储备进行"网文"创作
	CSE3 我很自信我创作的"网文"能影响社会公众的思想观念或行为习惯
	CSE4 我很自信我创作的"网文"能够影响政府决策或政策制定

资料来源:Ajzen(2002)。

---

① Ajzen I. Perceived behavioral control, self-efficacy, locus of control, and the theory of planned behavior[J]. Journal of Applied Social Psychology,2002(4):665-683.

4."网文"创作意愿的测量

本部分在对计划行为理论研究的基础之上,借鉴了陈明红等人所设计的意愿测量量表。[①] 结合"网文"创作意愿的现实情境,本书设计了如下题项来测量高校教师"网文"创作意愿(见表 4.4)。

表 4.4　"网文"创作意愿量表结构

变量	测量问题
创作意愿	CI1 如果我以前没有从事"网文"创作,我今后将开始进行"网文"创作
	CI2 如果我当下已经从事"网文"创作,我将继续进行创作
	CI3 我愿意建议其他学者从事"网文"创作
	CI4 我会把创作"网文"列入我的工作计划

资料来源:陈明红等(2015)。

(二)问卷整体结构

通过对现有资料的梳理,并与相关学者进行多次讨论交流之后,本书对问卷进行完善,最后编制设计出本书的封闭式问卷——《高校教师"网文"创作意愿及其影响因素调查问卷》,问卷主要包括以下三大部分。

第一部分:人口统计学基本信息。本部分主要包括性别、年龄、职称、学科领域、高校层级以及其所在大学在"网文"上的相关政策。

第二部分:大学教师"网文"创作现状调查。本部分主要对大学教师"网文"创作状况进行基本了解,包括对"网文"的了解程度、创作的篇数、创作的类型、发表的渠道等。

第三部分:大学教师网文创作意愿及其影响因素。本部分借

[①]　陈明红,漆贤军,刘莹.科研社交网络使用行为的影响因素研究[J].情报理论与实践,2015(38):73-79.

鉴计划行为理论框架编制了高校教师"网文"创作意愿及其影响因素的量表,包括态度(外在期望报酬、外在风险感知、兴趣与责任)、主观规范(传统学术文化、重要他人支持)、感知行为控制(感知可控性、自我效能感),同时所有量表题均采用李克特5点量表来测量。

二、问卷预试分析

(一)预试样本信息

为确保正式问卷回收结果的可靠性与有效性,本书首先进行了试测分析。通过邮件进行线上发放问卷,共收回有效问卷170份,预试样本中男性教师占67.6%,女性教师占32.4%。年龄段分布主要集中在31—50岁,其中31—40岁占37.1%,42—50岁占35.9%。职称分类中,职称为教授/研究员的占22.9%,副教授/副研究员的占40.6%,讲师/助理研究员的占36.5%。所属学科门类主要集中于人文社科类。高校层级分类中,其他本科院校占比居多,为52.9%,世界一流建设大学与世界一流学科建设大学分别占31.2%、15.9%。

(二)项目分析

项目分析是用于检验量表以及题项的可靠性程度与适切性的。本书探究了高低分组在题项上的差异,以作为题项删除或修改的依据:按照所有题项总分的前27%和后27%的标准进行高低分组,然后将每个题项在高低分组间进行独立样本t检验,删除t统计量中显著性水平大于0.05的项目。外在期望报酬量表项目分析结果如表4.5所示。

表 4.5　外在期望报酬量表项目分析结果

题项	平均值等同性 t 检验				组别	个案数	平均值	标准差
	t	自由度	p	均值差值				
ER1	-16.162	98	0.000	-2.870	低	48	1.69	1.055
					高	52	4.56	0.698
ER2	-21.885	98	0.000	-3.162	低	48	1.65	0.911
					高	52	4.81	0.487
ER3	-15.608	98	0.000	-2.587	低	48	2.38	1.178
					高	52	4.96	0.194
ER4	-8.507	98	0.000	-2.340	低	48	2.58	1.2
					高	52	4.92	0.334

　　表 4.5 显示,外在期望报酬 4 个题项 p 值均小于 0.001,表明该量表的所有项目区分能力较好。

　　外在风险感知量表项目分析结果如表 4.6 所示。

表 4.6　外在风险感知量表项目分析结果

题项	平均值等同性 t 检验				组别	个案数	平均值	标准差
	t	自由度	p	均值差值				
ERA1	-20.184	107	0.000	-2.37	低	58	2.55	0.799
					高	51	4.92	0.272
ERA2	-20.748	107	0.000	-2.149	低	58	2.66	0.637
					高	51	4.8	0.401
ERA3	-17.389	107	0.000	-2.124	低	58	2.62	0.768
					高	51	4.75	0.44

　　表 4.6 显示,外在风险感知 3 个题项 p 值均小于 0.001,表明该量表的所有项目区分能力较好。

　　兴趣与责任量表项目分析结果如表 4.7 所示。

表 4.7　兴趣与责任量表项目分析结果

题项	平均值等同性 t 检验				组别	个案数	平均值	标准差
	t	自由度	p	均值差值				
IAR1	-6.402	103	0.000	-1.061	低	56	3.71	1.074
					高	49	4.78	0.468
IAR2	-11.436	103	0.000	-1.393	低	56	3.46	0.762
					高	49	4.86	0.408
IAR3	-13.783	103	0.000	-1.574	低	56	3.3	0.737
					高	49	4.88	0.331
IAR4	-11.293	103	0.000	-1.816	低	56	2.86	0.999
					高	49	4.67	0.555
IAR5	-12.139	103	0.000	-1.497	低	56	3.48	0.853
					高	49	4.98	0.143
IAR6	-9.853	103	0.000	-1.158	低	56	3.82	0.811
					高	49	4.98	0.143
IAR7	-14.024	103	0.000	-1.834	低	56	3.13	0.896
					高	49	4.96	0.200

表 4.7 显示，兴趣与责任量表 7 个题项 p 值均小于 0.001，表明该量表的所有项目区分能力较好。

重要他人支持量表项目分析结果如表 4.8 所示。

表 4.8　重要他人支持量表项目分析结果

题项	平均值等同性 t 检验				组别	个案数	平均值	标准差
	t	自由度	p	均值差值				
IPI1	-11.082	97	0.000	-1.887	低	47	2.17	0.868
					高	52	4.06	0.826
IPI2	-8.425	97	0.000	-1.325	低	47	3.02	0.921
					高	52	4.35	0.590

题项	平均值等同性 t 检验				组别	个案数	平均值	标准差
	t	自由度	p	均值差值				
IPI3	-16.380	97	0.000	-2.43	低	47	1.72	0.772
					高	52	4.15	0.697
IPI4	-15.708	97	0.000	-2.43	低	47	1.53	0.747
					高	52	3.96	0.791

　　表 4.8 显示,重要他人支持量表 4 个题项 p 值均小于 0.001,表明该量表的所有项目区分能力较好。

　　传统学术文化量表项目分析结果如表 4.9 所示。

表 4.9　传统学术文化量表项目分析结果

题项	平均值等同性 t 检验				组别	个案数	平均值	标准差
	t	自由度	p	均值差值				
ITAC1	-15.691	117	0.000	-2.099	低	53	1.26	0.56
					高	66	3.36	0.835
ITAC2	-19.319	117	0.000	-2.262	低	53	1.21	0.409
					高	66	3.47	0.769
ITAC3	-20.819	117	0.000	-2.505	低	53	1.28	0.533
					高	66	3.79	0.734
ITAC4	-22.070	117	0.000	-2.387	低	53	1.19	0.395
					高	66	3.58	0.703

　　表 4.9 显示,传统学术文化 4 个题项 p 值均小于 0.001,表明该量表的所有项目区分能力较好。

　　感知可控性量表项目分析结果如表 4.10 所示。

表 4.10　感知可控性量表项目分析结果

题项	平均值等同性 t 检验				组别	个案数	平均值	标准差
	t	自由度	p	均值差值				
RC1	−12.412	100	0.000	−1.550	低	52	3.25	0.789
					高	50	4.8	0.404
RC2	−11.893	100	0.000	−1.474	低	52	3.35	0.789
					高	50	4.82	0.388
RC3	−14.642	100	0.000	−1.958	低	52	2.96	0.907
					高	50	4.92	0.274
RC4	−16.019	100	0.000	−1.936	低	52	2.90	0.774
					高	50	4.84	0.370
RC5	−11.810	100	0.000	−1.591	低	52	3.27	0.888
					高	50	4.86	0.351
RC6	−13.014	100	0.000	−1.647	低	52	3.17	0.810
					高	50	4.82	0.388

表 4.10 显示,感知可控性 6 个题项 p 值均小于 0.001,表明该量表的所有项目区分能力较好。

自我效能感量表项目分析结果如表 4.11 所示。

表 4.11　自我效能感量表项目分析结果

题项	平均值等同性 t 检验				组别	个案数	平均值	标准差
	t	自由度	p	均值差值				
CSE1	−14.215	103	0.000	−1.709	低	54	3.06	0.738
					高	51	4.76	0.473
CSE2	−19.766	103	0.000	−2.105	低	54	2.78	0.691
					高	51	4.88	0.325
CSE3	−19.127	103	0.000	−2.060	低	54	2.69	0.639
					高	51	4.75	0.440

续　表

题项	平均值等同性 t 检验				组别	个案数	平均值	标准差
	t	自由度	p	均值差值				
CSE4	-11.460	103	0.000	-1.868	低	54	2.43	0.716
					高	51	4.29	0.944

表 4.11 显示,自我效能感量表 4 个题项 p 值均小于 0.001,表明该量表的所有项目区分能力较好。

"网文"创作意愿量表项目分析结果如表 4.12 所示。

表 4.12　"网文"创作意愿量表项目分析结果

题项	平均值等同性 t 检验				组别	个案数	平均值	标准差
	t	自由度	p	均值差值				
CSE1	-15.557	135	0.000	-1.751	低	64	2.69	0.753
					高	73	4.44	0.527
CSE2	-17.065	135	0.000	-1.847	低	64	2.69	0.71
					高	73	4.53	0.529
CSE3	-18.171	135	0.000	-2.04	低	64	2.23	0.75
					高	73	4.27	0.559

表 4.12 显示,"网文"创作意愿量表 3 个题项 p 值均小于 0.001,表明该量表的所有项目区分能力较好。

(三)探索性因子分析

在测验中,效度(validity)是指能够测到设计者想要在测验中测试到某方面的程度。一般来说,效度主要包括内容效度与建构效度两种。内容效度主要指问卷中问题的适切性与代表性。本书通过梳理国内外在"网文"的相关文献,获得高校教师在"网文"创作影响因素上的相关信息。同时,在问卷编制的过程中,我们也与多位学者进行沟通、协商(其中包括在"网文"领域颇有研究的学者),修改量表的维度与表述,最终达到良好的内容效度,并确定问卷内容。

　　建构效度指能够测量到理论特质或概念的程度。本研究采用了SPSS 26.0对问卷进行探索性因子分析。由于本书已根据相关理论进行维度划分,接下来采用主成分分析法,通过限定萃取 1 个公因子来提取公因子,最后删除因子载荷小于 0.5 的题项。通过分析发现,IAR1 题项的因子载荷为 0.4,小于 0.5,考虑删除 IAR1 题项。量表最终的分析结果如表 4.13 所示。

表 4.13　探索性因子分析结果

变量	题项	因子载荷	KMO 系数	Bartlett 球形检验结果	累积方差解释率
ER	ER1	0.875	0.794	317.055	70.38
	ER2	0.867			
	ER3	0.831			
	ER4	0.779			
ERA	ERA1	0.938	0.717	310.602	82.36
	ERA2	0.902			
	ERA3	0.882			
IAR	IAR2	0.830	0.791	506.513	50.49
	IAR3	0.775			
	IAR4	0.774			
	IAR5	0.749			
	IAR6	0.739			
	IAR7	0.643			
IPI	IPI1	0.868	0.676	202.032	58.16
	IPI2	0.809			
	IPI3	0.702			
	IPI4	0.654			

续　表

变量	题项	因子载荷	KMO 系数	Bartlett 球形检验结果	累积方差解释率
ITAC	ITAC1	0.938	0.832	517.096	80.16
	ITAC2	0.921			
	ITAC3	0.878			
	ITAC4	0.841			
RC	RC1	0.778	0.753	560.534	51.00
	RC2	0.741			
	RC3	0.723			
	RC4	0.712			
	RC5	0.697			
	RC6	0.685			
CSE	CSE1	0.913	0.783	347.174	70.38
	CSE2	0.902			
	CSE3	0.772			
	CSE4	0.756			
CI	CI1	0.927	0.741	302.653	82.61
	CI2	0.901			
	CI3	0.898			

由表 4.13 可知,各公因子的 KMO 系数为 0.676—0.832, Bartlett 球形检验的卡方值为 202.032—560.534,均达到 0.001 的显著性水平,累积方差解释率均大于 50%,符合统计学规范。

(四)验证性因子分析

接下来使用 AMOS 24.0,采用最大似然估计法对数据做验证性因子分析(CFA),进行结构效度检验,验证性因子分析结果如表 4.14 所示。

表 4.14　验证性因子分析结果

指标	χ^2/df	RMESA	IFI	CFI	TFI
判断标准	<5	<0.08	>0.9	>0.9	>0.9
模型结果	1.83	0.07	0.90	0.90	0.88

数据显示,卡方自由度之比(χ^2/df)为1.83,表示该模型拟合较好。RMESA 为0.07,表示模型适配性较好。此外,相对拟合指标 IFI、CFI 均处于判断标准范围内,而 TFI 为0.88,虽稍小于0.9,但基本处于可接受范围内。综合各类评价指标数据,本书判定高校教师"网文"创作意愿影响因素模型的拟合效果良好,即高校教师"网文"创作意愿影响因素量表的结构效度良好。

(五)信度分析

信度分析是指所得到结果的一致性或称稳定性,以此来确定研究结果的可靠性与真实性。一般来说,信度是通过 Cronbach's α(也称为内部一致性)进行判断,当 Cronbach's α 小于等于0.5时,量表的可靠性较差,在0.5(不含)到0.7之间,量表可靠性一般,需要进一步修改,在0.7(不含)到0.9之间,量表较为可靠,0.9以上,则为十分可靠。本书对问卷整体进行分析,结果如表4.15所示,经过标准化的 Cronbach's α 为0.886,问卷整体可靠性较好。

表 4.15　问卷总体信度结果

Cronbach's α	Cronbach's α(标准化后)	项数
0.879	0.886	34

同时,由于本问卷是由多个构念组成的,因此需要对每个构念分别进行内部一致性分析,具体分析结果如表4.16所示,分析显示每个构念的 Cronbach's α 都大于0.7,说明问卷的同质性信度良好。

表 4.16　量表内部一致性分析结果

量表	题项数	Cronbach's α
外在期望报酬	4	0.853
外在风险感知	3	0.891
兴趣与责任	6	0.847
重要他人支持	4	0.758
传统学术文化	4	0.917
感知可控性	6	0.826
自我效能感	4	0.855
创作意愿	3	0.893

三、正式问卷的形成

在形成正式调查问卷之前,本书采用初步问卷进行了预调查,并通过面对面交流向部分教师咨询了问卷的修改建议,调整了部分模糊不清的选项并完善了相关的背景变量,从而形成大学教师"网文"创作意愿及其影响因素的正式问卷,并进一步大面积发放问卷。

（一）调查对象

本书旨在了解高校教师的"网文"创作意愿及其影响因素,故调查对象主要是在大学工作并具有一定科研经历的教师。本书按照世界一流建设高校、世界一流学科建设高校、其他本科院校三类层级划分,通过分层抽样的方式,分别选取了 30 所高校,通过电子邮件发放线上问卷的形式进行大范围的实证调查。

（二）数据处理与分析工具

本书主要采用 SPSS 24.0 和 AMOS 24.0 对所得数据进行整理与分析。第一,为确保问卷的可靠度与代表性,采用 SPSS 24.0 与 AMOS 24.0 对问卷数据进行项目分析、内部一致性分析、探索性因素分析以及验证性因子分析。第二,通过描述性统计分析呈现研究数据总体的背景变量、"网文"创作自变量与因变量的分布情况。第三,通过差异性分析呈现相关背景变量对"网文"创作意愿及其影响因素的影响差异。第四,通过结构方程模型与中介效应模型建立"网文"创作意愿及其相关影响因素的函数模型,探求各影响因素的影响程度以及相关影响因素之间的中介作用,进一步判断假设成立与否。

四、研究伦理

本书在研究过程中遵循伦理规范的相关原则。首先,我们在问卷引言已说明问卷的调查缘由、内容以及目的,被调查者可根据个人的意愿选择是否填写问卷。其次,问卷主要通过电子邮件进行问卷回收,每份问卷不进行署名,切实保护被调查者的隐私。此外,在研究过程中,我们公正合理地对待每一份调查结果,尊重被调查者的选择。最后,在调查结束后,我们向被调查者表示了真诚的感谢。

第三节　研究过程与发现

本书旨在了解大学教师的"网文"创作意愿及其影响因素,故调查对象主要是在大学工作并具有一定科研经历的教师。我们将大学按照世界一流建设大学、世界一流学科建设大学、其他本科院校进行三类层级划分,采用分层抽样的方式,分别选取了30所高校,通过电子邮件发放线上问卷的形式进行大范围的实证调查。共发放问卷3000份,共收回问卷910份。剔除随意填答以及前后矛盾的问卷,有效问卷为892份,问卷有效回收率为29.73%。

一、大学教师"网文"创作的背景变量描述性分析

调查样本的人口统计变量的描述性统计分析结果如表 4.17 所示。从样本数据的分布来看,男性教师与女性教师在样本中的比例约为 2∶1,各占 66.4％与 33.6％。从年龄分布状况来看,高校教师的结构呈现出中青年化的现象,31—40 岁与 41—50 岁的群体占了总样本的 73.6％。其次则属 51—60 岁的教师群体,占了总体的 16.9％。从职称来看,样本中教授/研究员、副教授/副研究员以及讲师/助理研究员的比例分布较为均匀,分别为 26.9％、39.7％、33.4％,其中副教授/副研究员占比较其他两类稍高一点。

表 4.17　人口统计变量的描述性统计分析结果

人口统计变量	类别	频次	百分比/%
性别	男	592	66.4
	女	300	33.6
年龄	21—30 岁	77	8.6
	31—40 岁	364	40.8
	41—50 岁	293	32.8
	51—60 岁	151	16.9
	61 岁及以上	7	0.8
职称	教授/研究员	240	26.9
	副教授/副研究员	354	39.7
	讲师/助理研究员	298	33.4
学科领域	自然科学	188	21.1
	农业科学	53	5.9
	医药科学	30	3.4
	工程与技术科学	117	13.1
	人文与社会科学	504	56.5

续　表

人口统计变量	类别	频次	百分比
所在高校层级	世界一流建设高校	323	36.2
	世界一流学科建设高校	192	21.5
	其他本科院校	377	42.3

为便于进行统计,本书采用《中华人民共和国国家标准学科分类与代码》的五个学术门类进行分类,包括自然科学(21.1%)、农业科学(5.9%)、医药科学(3.4%)、工程与技术科学(13.1%)以及人文与社会科学(56.5%)。除人文与社会科学外,其他门类的分布与学科门类的总体分布基本吻合,而人文与社会科学类的答题人数较多,可能是由于较其他学科,人文与社会科学类教师接触"网文"较多,因而更愿意填答"网文"相关问卷。

二、大学教师"网文"创作现状的描述性分析

(一)大学教师对"网文"的了解现状

问卷调查结果显示:在892个调查对象中,对"网文"十分了解的仅有60人,占6.7%;对"网文"比较了解的有224人,占25.1%;对"网文"了解程度一般的有334人,占37.4%;而对"网文"仅听说过或不了解的共274人,占30.7%(见表4.18)。换言之,一半以上的大学教师(69.3%)对"网文"有所了解,这一定程度上说明"网文"正在作为一种新兴学术进入学者的视野,但仍有相当一部分教师对"网文"缺乏足够的了解。

表 4.18　高校教师对"网文"的了解现状

您是否了解"网文"	人数	百分比/%
十分了解	60	6.7
比较了解	224	25.1

您是否了解"网文"	人数	百分比/%
一般	334	37.4
听说过	116	13
不了解	158	17.7

（二）大学学术评价体系是否纳入"网文"现状

本书主要以"网文"是否纳入，以及何种类型的"网文"纳入学术评价体系作为主要变量进行具体分析。如表 4.19 所示，在调查对象中，仅有 130 人所在大学将"网文"纳入学术评价体系，占总体的 14.6%。其中，纳入了原创文章、影音、动漫等的仅 26 人，占 2.9%。仅纳入原创文章（包括报刊以及自媒体）的有 32 人，占 3.6%。而仅纳入原创文章，但只包括报刊的有 72 人，占 8.1%。由此可见，尽管政府高层多次强调把"网文"纳入学术评价体系，但真正付诸实施的大学并不多，并且大多还只纳入报刊上的原创文章。

表 4.19　"网文"纳入大学学术评价体系的现状

您所在大学是否将"网文"纳入学术评价体系	人数	百分比/%
是，纳入了原创文章、影音、动漫等	26	2.9
是，但仅纳入原创文章（包括报刊以及自媒体）	32	3.6
是，但仅纳入原创文章（仅包括报刊）	72	8.1
否，未纳入	562	63
不清楚	200	22.4

（三）大学教师"网文"创作的篇数

如表 4.20 所示，我国大学将近 3/4 的教师过去一年"网文"创作篇数为 0；偶尔创作（1—3 篇）的大学教师占比为 15.4%，经常创作者（7 篇及以上）占 6.7%。这说明，大部分大学教师对"网文"创作缺乏热情，但同时存在极少一部分热衷于创作"网文"的教师。

表 4. 20　高校教师"网文"创作篇数

创作篇数	频次	百分比/%
0	665	74.6
1—3	137	15.4
4—6	30	3.4
7—9	7	0.8
10 及以上	53	5.9

　　根据大学的类型,可以发现,近 1 年在"网文"创作的具体实践中,世界一流建设高校中有"网文"创作的有 97 人,占世界一流建设高校总人数的 30.0%。而世界一流学科建设高校中有"网文"创作行为的有 55 人,占世界一流学科建设高校总人数的 28.6%。其他本科院校中有创作行为的有 75 人,占本科类院校总人数的 19.9%。

　　依据职称类型,可以发现,在讲师/助理研究员类别上,近 1 年有"网文"创作经历的有 54 人,占 18.1%。在副教授/副研究员类别上,近 1 年有"网文"创作经历的有 110 人,占 31.1%。在教授/研究员类别上,近 1 年有"网文"创作经历的有 63 人,占 26.3%。综合以上分析可以得出,目前在"网文"创作的活跃度上,世界一流建设高校高于世界一流学科建设高校高于普通本科院校。在职称类别上,副教授/副研究员最为活跃,其次是教授/研究员,最后是讲师/助理研究员(见表4.21)。

表 4. 21　不同类型高校、不同职称教师"网文"创作篇数

统计变量	类别	0 篇	1—3 篇	4—6 篇	7—9 篇	10 篇及以上
您所在高校层级	世界一流建设高校	226 (70.0%)	56 (17.3%)	16 (5.0%)	2 (0.6%)	23 (7.1%)
	世界一流学科建设高校	137 (71.4%)	38 (19.8%)	6 (3.1%)	3 (1.6%)	8 (4.1%)
	其他本科院校	302 (80.1%)	43 (11.4%)	8 (2.1%)	2 (0.5%)	22 (5.9%)

统计变量	类别	0 篇	1—3 篇	4—6 篇	7—9 篇	10 篇及以上
您的职称	讲师/助理研究员	244 (81.9%)	36 (12.1%)	6 (2.0%)	1 (0.4%)	11 (4.0%)
	副教授/副研究员	244 (68.9%)	64 (18.1%)	15 (4.2%)	4 (1.2%)	27 (7.6%)
	教授/研究员	177 (73.8%)	37 (15.4%)	9 (3.8%)	2 (0.8%)	15 (6.2%)

（四）大学教师"网文"创作的类型

如表 4.22 所示，在拥有"网文"创作经历的高校教师当中，其创作类型以原创性文章为主，占 90.7%，影音类占比为 17.6%，动漫类占4.4%。从中可见，虽然"网文"的外延很大，但绝大部分大学教师仍习惯于文字类的"网文"，这表明教师"网文"创作的类型较为有限，不够多样。鉴于当前网络社交媒体的兴盛，尤其是视频媒体（例如抖音、快手、哔哩哔哩等）的快速崛起，大学教师如何借助新时代的传播媒介，进行知识的传播与分享，值得关注和探讨。

表 4.22　大学教师"网文"创作类型（复选题）

类别	频次	百分比/%
原创性文章	206	90.7
影音类	40	17.6
动漫类	10	4.4
其他	49	21.6

（五）高校教师"网文"的发表渠道

如表 4.23 所示，在"网文"发表渠道上，大学教师主要是通过自媒体发表"网文"，占比为 73.1%；其次是行业领域内较有影响的媒体（例如《中国教育报》《中国社会科学报》等），占比为 29.1%；再次是国家级官媒（例如《人民日报》《光明日报》等）占比为 20.7%。相比来说，省级、市级的媒体占比不高，二者相加不足 20%。这一数据说明，鉴于大学教师的大部分"网文"发表在自媒体上，如何恰如其分地评价大学教师在自媒体上所付出的努力，值得大学管理高层认真考虑。

表 4.23　大学教师"网文"发表渠道（复选题）

类别	频次	百分比/％
国家级官媒	47	20.7
行业领域内较有影响的媒体	66	29.1
省级媒体	31	13.7
市级媒体	14	6.2
自媒体	166	73.1

三、大学教师"网文"创作意愿的描述性统计分析

（一）大学教师"网文"创作意愿的总体情况

为了解大学教师"网文"创作意愿的总体情况，本书将 892 份问卷的"网文"创作意愿量表的总分的均值与李克特 5 点量表的中间值 3 进行比较，结果如表 4.24 所示。其中，创作意愿（CI）每个题项的平均得分分别为 2.95、3.71、2.98、2.64，高校教师"网文"创作意愿的总体水平为 2.86，低于中间值 3。这表明，我国大学教师"网文"创作意愿处于中等偏低水平。但需要指出的是，那些曾经创作过"网文"的大学教师，其创作意愿显著高于那些没有创作过"网文"的教师。

表 4.24　高校教师"网文"创作意愿总体情况

变量	题项	平均值	中间值	标准差
创作意愿	我以前没有创作过"网文"，今后我愿意尝试	2.95	3	1.107
	我曾经创作过"网文"，今后我仍愿意创作	3.71	3	1.208
	我愿意建议其他学者从事"网文"创作	2.98	3	1.152
	我会把创作"网文"列入我的工作计划	2.64	3	1.152

在了解我国大学教师"网文"创作的总体意愿之后，接下来我们将对不同性别、不同年龄、不同职称、不同学科、不同高校层级等教师做差异分析，以进一步了解我国大学教师的"网文"创作意愿。

(二)大学教师"网文"创作意愿的差异分析

1."网文"创作意愿的性别差异分析

本部分以性别为分组变量对高校教师的"网文"创作意愿进行差异分析。鉴于性别为二分变量,因此,此部分运用独立样本 t 检验对其进行分析,具体分析结果如表 4.25 所示。

表 4.25 大学教师"网文"创作意愿的性别差异

变量	性别	男	女	t	p
	样本数	592	300		
"网文"创作意愿	均值	2.8597	2.8422	0.244	0.807
	标准差	1.037	0.970		

结果显示,不同性别的大学教师在"网文"创作意愿上不存在显著性差异($t=0.244,p=0.807$)。

2."网文"创作意愿的年龄差异分析

本部分以年龄作为分组变量对大学教师的"网文"创作意愿进行差异性分析。通过合并组别,自变量共有三组,运用单因素方差分析进行检验,具体分析结果如表 4.26 所示。

表 4.26 高校教师"网文"创作意愿的年龄差异

变量	年龄	21—30 岁	41—50 岁	51 岁及以上	F	p
	样本数	77	293	158		
创作意愿	均值	3.039	2.869	2.835	1.079	0.357
	标准差	0.888	1.069	0.978		

结果显示,不同年龄段的大学教师在"网文"创作意愿上不存在显著性差异($p=0.357>0.05$)。

3."网文"创作意愿的学科差异分析

本部分以学科门类作为分组变量对高校教师的"网文"创作意愿

进行差异性分析。通过合并组别,自变量共有三组,因此运用单因素方差分析进行检验,具体分析结果如表 4.27 所示。

表 4.27　大学教师"网文"创作意愿的学科差异

变量	学科分类	人文社科	理工	其他	F	p	LSD检验
	样本数	504	305	83			
创作意愿	均值	3.046	2.589	2.675	21.687***	0.000	1>2,3
	标准差	1.009	0.970	0.975			

注:*** 代表 $p<0.001$。1 代表人文社科类,2 代表理工科类,3 代表其他类。

结果显示,不同学科门类的大学教师在创作意愿($p<0.001$)上具有显著性差异。为确定创作意愿在哪些组别间的差异达到显著,还须进行事后检验。本书采用单因素方差分析的 LSD 检验对以上存在显著性差异的变量进行进一步的检验。结果显示,在创作意愿所得均值上,人文社科类大学教师要显著高于理工科与其他学科的教师。

4."网文"创作意愿的职称差异分析

本部分以职称作为分组变量对大学教师的"网文"创作意愿及其相关因素进行差异性分析。鉴于自变量共有三组,因此运用单因素方差分析进行检验,具体分析结果如表 4.28 所示。

表 4.28　大学教师"网文"创作意愿的职称差异

变量	职称	讲师/助理研究员	副教授/副研究员	教授/研究员	F	p	LSD检验
	样本数	298	354	240			
创作意愿	均值	2.975	2.908	2.629	8.659***	0.000	1,2>3
	标准差	0.969	1.054	0.980			

注:*** 代表 $p<0.001$。1 代表讲师/助理研究员,2 代表副教授/副研究员,3 代表教授/研究员。

结果显示,不同职称的大学教师在创作意愿变量($p<0.001$)上存

在显著性差异。为确定在哪些组别间的差异达到显著,还须进行事后检验。因而,本书采用单因素方差分析的 LSD 检验对以上存在显著性差异的变量进行进一步的检验。结果发现,在创作意愿所得均值上,讲师/助理研究员与副教授/副研究员要显著高于教授/研究员。

5."网文"创作意愿的高校层级差异分析

本部分以高校层级作为分组变量对大学教师的"网文"创作意愿进行差异性分析。鉴于自变量共有三组,因此运用单因素方差分析进行检验,具体分析结果如表 4.29 所示。

表 4.29　"网文"创作意愿的高校层级差异

变量	高校层级	世界一流建设高校	世界一流学科建设高校	其他普通本科院校	F	p	LSD检验
	样本数	323	192	377			
创作意愿	均值	2.726	2.714	3.039	10.918***	0.000	1,2<3
	标准差	1.090	1.026	0.913			

注: *** 代表 $p < 0.001$。1 代表世界一流建设高校,2 代表世界一流学科建设高校,3 代表其他普通本科院校。

结果显示,不同层级的高校教师在创作意愿上($p < 0.001$)具有显著性差异。为确定创作意愿在哪些组别间的差异达到显著,还须进行事后检验。因而,本书采用单因素方差分析的 LSD 检验对以上存在显著性差异的变量进行进一步的检验。结果显示,高校教师"网文"创作意愿在高校层级的所得均值上,表现为其他普通本科院校高于世界一流建设高校与世界一流学科建设高校,而世界一流建设高校与世界一流学科建设高校之间不存在显著性差异。

6."网文"创作意愿的科研评价体系差异分析

本部分以大学科研评价体系是否纳入"网文"作为分组变量对大学教师的"网文"创作意愿进行差异性分析。通过合并组别,变量共有三组,因此采用 SPSS 24.0 的单因素方差分析进行检验,具体分析结果如表 4.30 所示。

表 4.30　"网文"创作意愿的科研评价体系差异

变量	高校评价体系是否纳入	纳入	未纳入	不清楚	F	p	LSD检验
	样本数	130	562	200			
创作意愿	均值	3.228	2.806	2.753	10.686***	0.000	1>2,3
	标准差	0.932	1.056	0.896			

注:*** 代表 $p < 0.001$。1 代表所在高校评价体系纳入"网文";2 代表未纳入;3 代表不清楚。

结果显示,不同科研评价体制的高校教师在创作意愿上($p < 0.001$)具有显著性差异。为确定创作意愿在哪些组别间的差异达到显著,还须进行事后检验。因而,本书采用单因素方差分析的 LSD 检验对以上存在显著性差异的变量进行进一步的检验。结果显示,在创作意愿所得均值上,"网文"纳入科研评价体系高校的教师要显著高于未纳入高校以及"不清楚"类别的教师。

四、大学教师"网文"创作意愿的影响因素分析

(一)结构方程模型的检验

本部分使用 AMOS24.0 对假设模型进行结构方程模型(SEM)分析。模型的路径系数及假设检验结果如表 4.31 和图 4.4 所示。结果发现,假设模型的整体拟合度较好($\chi^2/df = 4.267$,RMSEA $= 0.61$,CFI $= 0.917$,TLI $= 0.906$,IFI $= 0.917$)。

SEM 的分析结果表明,外在期望报酬→"网文"创作意愿的路径系数为 0.053,且 p 值为 0.111,表明外在期望报酬不能显著预测大学教师的"网文"创作意愿,假设 1 不成立。

表 4.31 结构方程模型的路径系数

假设	路径模型	路径系数	标准误差	t	假设是否支持
假设 1	外在期望报酬→意愿	0.053	0.024	1.594	不支持
假设 2	外在风险感知→意愿	-0.094**	0.023	-3.284	支持
假设 3	兴趣与责任→意愿	0.245***	0.087	4.394	支持
假设 5	重要他人支持→意愿	0.313***	0.032	8.651	支持
假设 4	传统学术文化→意愿	-0.052	0.047	-1.203	不支持
假设 9	感知可控性→意愿	0.142***	0.042	3.993	支持
假设 10	自我效能感→意愿	0.347***	0.041	9.824	支持

注:*** 表示 $p<0.001$;** 表示 $p<0.01$。$\chi^2/\mathrm{df}=4.267$,RMSEA$=0.61$,CFI$=0.917$,TLI$=0.906$,IFI$=0.917$。

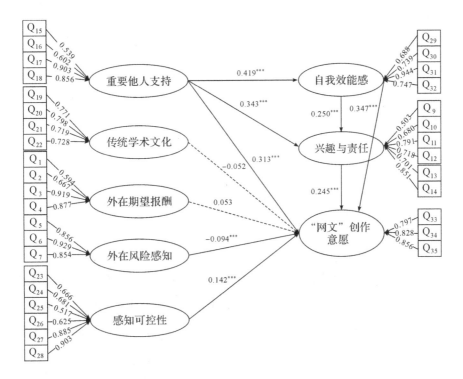

图 4.4 高校教师"网文"创作意愿与影响因素结构方程模型的验证

注:*** 表示 $p<0.001$,** 表示 $p<0.01$。

外在风险感知→"网文"创作意愿的路径系数为−0.094，$p=$ 0.001＜0.01，表明外在风险感知能够显著负向预测大学教师的"网文"创作意愿，假设 2 成立。

兴趣与责任→"网文"创作意愿的路径系数为 0.245，$p<0.001$，表明兴趣与责任可以显著正向预测大学教师的"网文"创作意愿，假设 3 成立。

重要他人支持→"网文"创作意愿的路径系数为 0.313，$p<0.001$，表明重要他人支持可以显著正向预测大学教师"网文"创作意愿，假设 5 成立。

传统学术文化→"网文"创作意愿的路径系数为−0.052，p 值为 0.229，表明传统学术文化不能显著预测大学教师的"网文"创作意愿，假设 4 不成立。

感知可控性→"网文"创作意愿的路径系数为 0.142，$p<0.001$，表明感知可控性可以显著预测大学教师"网文"创作意愿，假设 9 成立。

自我效能感→"网文"创作意愿的路径系数为 0.347，$p<0.001$，表明自我效能感可以显著正向预测大学教师"网文"创作意愿，假设 10 成立。

综上，假设 1、4 不成立，假设 2、3、5、9、10 均成立。

（二）中介路径分析

中介效应是指变量 X 对 Y 的影响部分或完全是由于一个或多个变量 M 而产生的影响，其中 M 称作中介变量。本书主要采用 SEM 中的极大似然法对模型中存在的中介路径进行验证，在对模型验证后，通过 Bootstrap 法对模型中的中介路径进行检验。

本书中所有变量均为潜变量，需要通过 SEM 验证中介作用。首先采用方差极大似然法对模型的各个参数进行估计，得到相关拟合指标,$\chi^2/df=4.512$,RMSEA$=0.063$,CFI$=0.957$,TLI$=0.946$,IFI$=0.958$,NFI$=0.946$,表明模型拟合度较好。

在检验中介效应前,需要对模型中所包含的中介路径系数进行估计,并对其进行显著性检验,结果如表4.32所示。重要他人支持显著正向影响自我效能感($\beta=0.390$,$p<0.001$)、兴趣与责任($\beta=0.364$,$p<0.001$)、创作意愿($\beta=0.295$,$p<0.001$);自我效能感显著正向影响兴趣与责任($\beta=0.290$,$p<0.001$)、创作意愿($\beta=0.362$,$p<0.001$);兴趣与责任显著正向影响创作意愿($\beta=0.387$,$p<0.001$)。其中,β皆为标准化路径系数。

表4.32 中介路径系数

路径	β	SE	CR
重要他人支持→自我效能感	0.390***	0.030	10.046
自我效能感→兴趣与责任	0.290***	0.029	8.187
重要他人支持→兴趣与责任	0.364***	0.024	8.377
兴趣与责任→创作意愿	0.387***	0.064	9.181
重要他人支持→创作意愿	0.295***	0.028	9.439
自我效能感→创作意愿	0.362***	0.040	10.572

注:*** 表示 $p<0.001$。

(三)中介效应显著性检验

在模型适切的基础之上,为明确中介效应,本书采用 Bootstrap 检验,重复随机抽取 5000 个 Bootstrap 样本,设置 95% 的置信区间。各路径的相关指标见表4.33。具体来看,本书的三种中介效应主要通过以下三条中介链产生:第一,由重要他人支持→自我效能感→兴趣与责任→创作意愿组成的间接效应1;第二,由重要他人支持→兴趣与责任→创作意愿组成的间接效应2;第三,由重要他人支持→自我效能感

→创作意愿组成的间接效应 3。

表 4.33 中介效应显著性检验结果

路径	效应值	SE	偏差校正(95%CI)			百分位数(95%CI)		
			下限	上限	显著性	下限	上限	显著性
stdInd1	0.040	0.0098	0.029	0.054	***	0.038	0.053	***
stdInd2	0.127	0.0180	0.099	0.159	***	0.096	0.157	***
stdInd3	0.127	0.0200	0.097	0.164	***	0.095	0.163	***

注:*** 表示 $p<0.001$。stdInd1 为由重要他人支持→自我效能感→兴趣与责任→创作意愿组成的间接效应 1;stdInd2 为由重要他人支持→兴趣与责任→创作意愿组成的间接效应 2;stdInd3 为由重要他人支持→自我效能感→创作意愿组成的间接效应 3。

分析结果表明:其一,重要他人支持通过自我效能感影响兴趣与责任,进而对大学教师"网文"创作意愿产生正向作用,中介效应值为 0.040,偏差校正和百分位数 95% 的置信区间中不包含 0,$p<0.001$,达到显著水平,说明自我效能感和兴趣与责任在重要他人支持与大学教师"网文"创作意愿的链式中介作用显著,假设 8 成立。

其二,重要他人支持通过兴趣与责任对大学教师"网文"创作意愿产生正向作用,中介效应值为 0.127,偏差校正和百分位数 95% 的置信区间中不包含 0,$p<0.001$,达到显著水平,说明兴趣与责任的中介作用显著,假设 7 成立。

其三,重要他人支持通过自我效能感对大学教师"网文"创作意愿产生正向作用,中介效应值为 0.127,偏差校正和百分位数 95% 的置信区间中不包含 0,$p<0.001$,达到显著水平,说明自我效能感的中介作用显著,假设 6 成立。

第四节　研究结论与讨论

本书依据 TPB 构建了大学教师"网文"创作意愿影响因素模型，通过一系列的实证分析，主要得出以下结论。

一、自我效能感等四个维度能够显著正向预测大学教师"网文"创作意愿

本书研究结果显示，自我效能感、兴趣与责任、感知可控性以及重要他人支持四个维度能够显著正向预测大学教师"网文"创作意愿。这一结论基本符合人们的心理预期，也在以往许多类似的研究中得到证实。

以自我效能感维度为例，很多研究表明，自我效能感对个体的创新行为有显著正向影响。因为创新需要勇气，如果个体缺乏信心和进取精神，哪怕物质条件再丰富，其创新的意愿与胆识将会大大降低。[①]具体到高等教育领域，有研究表明：自我效能感对大学教师的科研创作具有显著影响；教师的科研信心与教师的学术产出高度相关，对教师的学术活力具有关键性作用。[②]　显然，"网文"创作本质上也是一种创新活动，它与个体的自我能力主观判断后所形成的信念（或自信心）紧密相关。因而，自我效能感能够显著影响大学教师的"网文"创作意愿并不令人惊讶。

[①]　顾远东，彭纪生.创新自我效能感对员工创新行为的影响机制研究[J].科研管理,2011(9)：63-73.

[②]　阎光才，牛梦虎.学术活力与高校教师职业生涯发展的阶段性特征[J].高等教育研究,2014(10)：29-37.

以兴趣与责任维度为例，许多研究都表明，对于一些非强制性的、带有志愿性质的行为，往往跟个人的兴趣、利他主义、责任意识等具有紧密的关联。在我国大学，"网文"虽被纳入学术评价体系，但它并非一项强制的要求，而是一种加分项。也就是说，"网文"在高校的学术评价体系之中起到的是一种"锦上添花"的作用。在当前根深蒂固的传统学术评价机制下，大部分大学教师自然没有必要去创作"网文"。而那些实实在在的"网文"创作者，恐怕更多的是缘于自己的内在兴趣，或者作为一名公共知识分子的责任意识。

以感知可控性维度为例，大学组织及其制度环境是大学教师个体学术身份建构的首要情境。当大学教师面对高校在"网文"上缺乏必要资源的分配（例如活动经费的发放、专业技术的支持）以及相应政策的引导时，教师会选择减少或不进行"网文"创作。这也与本书中科研评价体系的差异性分析结果一致：将"网文"纳入科研评价体系的大学的教师相比于未纳入的大学的教师，前者的创作意愿显著高于后者。同样，美国历史协会成立的公共历史评估小组（WCEPHS）的调查结果显示，尽管有些学者对面向公众的实践活动以及学术工作，由于担心这类工作不会被计入考核中，往往也会对其采取"回避"的态度。[①]

以重要他人支持维度为例，大学教师感知到的重要他人支持力度越大，自身则会越具有强烈的意愿进行"网文"创作。在重要他人支持维度上表现为，大学教师希望学校高层领导者、院系等中层领导者、同行学者以及朋友家人对其行为给予支持，使其坚定并合理化所做出的选择。

---

① The Working Group on Evaluating Public History Scholarship. Tenure, promotion, and the publicly engaged historian[EB/OL]. (2017-06-04)[2020-10-10]. https://www.historians.org/jobs-and-professional-development/statements-standards-and-guidelines-of-the-discipline/tenure-promotion-and-the-publicly-engaged-academic-historian.

二、外在风险感知能够显著负向预测大学教师"网文"创作意愿

外在风险感知,即行为主体对所实施行为外部风险的感知,在本书中是指大学教师所感知到"网文"创作本身存在的不安全性或不稳定性给其自身或所在学校带来的一些外在风险(例如名誉的受损或工作职位的变动等)。结构方程模型分析结果表明,外在风险感知能够显著负向预测大学教师的"网文"创作意愿,即当大学教师感知的"网文"创作外在风险越高,则其创作意愿越低。

这跟先前的研究结论基本一致。当大学教师认为创作"网文"可能存在有损职业生涯、学术声誉等方面的风险时,自然会降低创作"网文"的意愿。"网文"作为一种新兴学术模式,发展的同时必然伴随着一些潜在的风险与挑战。例如,"网文"更多地通过社交媒体进行传播,社交媒体自身的公开性可能会造成大学教师个人的学术观点被窃取。同时,向公众公开研究结果可能会使大学教师的研究容易受到公众指责、误解、吹毛求疵,或在回应评论上浪费不必要的时间。[①]

"网文"主要面向形形色色的普通大众。网络社交媒体自身存有的风险性以及普通公众对学术成果的理解程度有可能给大学教师带来本不存在的困扰。对此,学者贾拉希(Jarrahi)就指出,大学教师一般选择不接触社交媒体,是因为他们担心这会影响到自己的声誉和制造不必要的麻烦。[②] 近些年来,国内高校也存在诸多由于网络言论而引发的各种争议。例如,2019 年,电子科技大学教师郑文锋关于"四

---

① Glass E R, Vandegrift M. Public scholarship in practice and philosophy[EB/OL]. (2019-01-06)[2020-10-10]. https://core. ac. uk/download/pdf/162902563. pdf.

② Arrahi M H, Nelson S B, Thomson L. Personal artifact ecologies in the context of mobile knowledge workers[J]. Computers in Human Behavior, 2017(75): 469-483.

大发明"的言论在网上引起极大争议。校方认为，其言论属师德失范行为；其结果是，他被取消评奖评优、职务晋升、职称评定资格、停止教学工作、停止研究生招生资格。① 面对这种创作环境及其潜在风险，大部分大学教师势必会抱着"多一事不如少一事"的心态，远离社交网络，专心创作传统意义的学术论文。

三、外在期望报酬不能显著预测大学教师"网文"创作意愿

这一点跟我们的研究假设不一致。我们原先假设，外在期望报酬，例如获取经济回报、职称晋升以及提升个人的学术与社会影响力，是大学教师创作"网文"的一个动因。而研究结果发现，高校教师创作"网文"的意愿不取决于外在所期望获得的奖励。

经济回报其实比较容易理解，毕竟大学教师作为体制内的一员，一般都有着较为稳定的收入来源。他们不需要像一些"网红"一样，依靠流量获取经济来源。因此，一个大学教师愿意投身于"网文"创作，主要源于个人的兴趣以及作为知识分子的责任意识。同理可得，大学教师创作"网文"并不是为了提升个人的学术与社会影响力。稍微难理解的是，大学教师创作"网文"不是为了获得职称晋升。因为"网文"纳入学术评价体系的一个出发点，就是通过对大学教师评价时承认"网文"的作用，鼓励更多的大学教师创作"网文"。

在此，我们做出如下猜测：在许多大学，"网文"虽然已经纳入学术评价体系，但在实施过程中尚存在巨大争议，也几乎没有先例可循，故而教师不会轻易相信凭借创作"网文"能获得职称晋升。此外，在大学教师评价时，实际考核的核心内容仍然是传统的论著，大学教师不可

---

① 光明网评论员.让"四大发明"争议回归学术［EB/OL］.(2019-08-24)［2021-06-10］.https://www.sohu.com/a/336185011_120058819.

能凭借"网文"获得职称晋升。不过,需要指出的是,获得职称晋升虽然不能显著预测大学教师"网文"创作意愿,但由于感知可控性(本书的一块重要内容是大学制定了把"网文"纳入学术评价体系的政策)能促进大学教师"网文"创作意愿,我们可以得出这样的结论:我国大学教师创作"网文"虽然并不期望获得经济回报和职称晋升,但把"网文"纳入学术评价体系却能在一定程度上提升其创作意愿。

四、传统学术文化不能显著预测大学教师"网文"创作意愿

同样,这一点跟我们的研究假设不一致。我们原先假设,大学教师创作"网文"的意愿会受到传统学术文化影响,例如:认为只有发表论文、出版专著才是做真正的研究,"网文"创作是一种不务正业,不是在做严肃的研究;或者认为,"网文"创作无法凸显作者的学术水平,甚至降低个人在学术界的声望;或者认为,大学教师应该与社会公众保持一定的距离,没有必要创作"网文"等等。但显然,我们的研究数据不支持这一观点。

这里做出如下猜测和解释:第一,推动"网文"纳入学术评价体系是国家自上而下的行为,这为"网文"在学术评价体系中取得合法性和正当性奠定了基础。在这种情况下,我国很少有大学教师会像一些西方学者那样,认为从事"网文"创作是一种不务正业、浪费时间。第二,近年来,在国家推动"网文"纳入学术评价体系的同时,国内一些学者仍不遗余力地研究"网文",呼吁学术界认可"网文"。这种研究和呼吁在某种程度上起到了启蒙的作用,能够促进大学教师对"网文"价值与意义的认可。第三,在我国大学当前制定的"网文"认定与实施的办法中,"网文"主要还是指主流报刊上发表的文章。一个学者如果有幸能够在《人民日报》《光明日报》发表文章,不仅不会降低其在学术界的地

位,而且能极大地提升教师个人及其所在大学的声誉。第四,我国的知识分子(当下多化身为大学教师)素来有天然的使命感。从"天下兴亡,匹夫有责",到"居庙堂之高则忧其民,处江湖之远则忧其君",先贤的话语都是我国传统知识分子心性的真实写照。从内心来讲,我国知识分子渴望参与社会和改造社会,具有强烈的责任感和使命感。换言之,我国大多数大学教师并没有把自己看成不食人间烟火、一心只做纯学术的"老学究",而是愿意走近社会公众,愿意用自己的才智(创作"网文")影响我们的社会。

五、重要他人支持通过三种中介作用于大学教师"网文"创作意愿

本书的研究表明,重要他人支持对大学教师"网文"创作意愿的影响通过三种中介起作用:自我效能感的独立中介作用、兴趣与责任的独立中介作用,以及自我效能感和兴趣与责任的链式中介作用。这一结果揭示出重要他人支持如何通过某些特定的变量对"网文"创作意愿起作用,阐明了重要他人支持对"网文"创作意愿产生影响的内部作用机制。研究表明,大学教师个体在与环境协商的过程中,会受到其所在关键共同体(例如学术群体、上层领导)的影响,使得自己往社会所期待的方向发展。[①]

在大学,重要他人支持主要表现为学术权力与行政权力的认同。就学术权力而言,大学教师的某项创新行为("网文"创作)很大程度上是由那些受到高度尊敬的成员(其背后体现了学术权力)的肯定所推动的;就行政权力而言,高校管理人员对"网文"的认同与否会进一步影响到高校内部资源的分布、科研评价体制的改革与实施。如若大学

---

① 黄亚婷.聘任制改革背景下我国大学教师的学术身份建构——基于两所研究性大学的个案研究[J].高等教育研究,2017(7):31-38.

校长、院长、系主任等主要领导人员高度认可"网文"价值且大力支持教师在"网文"上的实践,大学教师创作"网文"的自信心自然会获得提升,进而促使其产生创作"网文"的意愿,强化其创作"网文"的责任意识。[①]

第五节　小　结

本章通过实证研究和理论分析,展示了我国高校教师"网文"创作的情况。总的来看,我国高校教师"网文"创作意愿不高。基于计划行为理论,我们可以发现,高校教师的自我效能感、教师个人的兴趣与责任以及重要他人支持能对教师的"网文"创作意愿产生正向作用,高校教师的外在风险感知会对其"网文"创作意愿产生负向作用,而外在期望报酬和传统学术文化与高校教师"网文"创作意愿不存在相关性。换言之,仅仅把"网文"纳入学术评价体系并不足以激起高校教师创作"网文"的意愿,它还与一系列内外部因素相关。此外,重要他人支持对高校教师"网文"创作意愿的影响通过三种中介起作用:自我效能感的独立中介作用、兴趣与责任的独立中介作用,以及自我效能感和兴趣与责任的链式中介作用。

---

① 刘爱生."网文"纳入学术评价体系的理论依据、价值意蕴与实践理路[J].清华大学教育研究,2020(5):46-57.

第五章 我国大学"网文"政策执行的现实困境

　　第四章基于计划行为理论,探讨了我国高校教师"网文"创作意愿及其影响因素。但需要指出的是,计划行为理论本身并非完美无瑕。不少研究者指出,计划行为理论主要变量的概念存在着不小的争议,至今仍未有较好的统一,这给研究中的变量操作造成一定的困难,进而影响研究结果的准确性。[①] 此外,计划行为理论主要聚焦于个体认知层面,很难深入问题的内核。例如,计划行为理论只能告诉我们,高校教师"网文"创作意愿跟个人的自我效能感、重要他人支持、兴趣与责任等正相关,而与外在风险感知负相关。至于更深入的分析,则无从知晓。例如,高校教师"网文"创作意愿不太强的原因之一是对"网文"缺乏足够的兴趣。那么,为什么高校教师对纳入学术评价体系的"网文"缺乏兴趣?难道高校教师天生就对传统的论文感兴趣吗?想要回答诸如此类的问题,就只能回到现场(高校),聆听高校教师和行政人员的声音,洞悉高校"网文"政策执行的困境。

---

　　① 段文婷,江光荣.计划行为理论述评[J].心理科学进展,2008(2):315-320.

第一节　问题提出

在"互联网＋"和"加强和改进高校宣传思想工作"的双重背景下，"网文"作为一种新兴的事物，不断呈现在广大高校教师面前。"网文"最早源于 2015 年 1 月 19 日中共中央办公厅、国务院办公厅颁发的《关于进一步加强和改进新形势下高校宣传思想工作的意见》。其中，明确提出"探索建立优秀网络文章在科研成果统计、职务职称评聘方面的认定机制，着力培育一批导向正确、影响力广的网络名师"。此后，教育部、中宣部等多部门又多次重申并深化了类似的观点（见表5.1）。从中可见，国家高层非常重视高校教师的"网文"创作及其相关的认定与评价工作。

表 5.1　国家高层关于推动"网文"纳入学术评价体系的阐述

时间	单位	文件	相关内容
2015 年 1 月 19 日	中共中央、国务院	《关于进一步加强和改进新形势下高校宣传思想工作的意见》	探索建立优秀网络文章在科研成果统计、职务职称评聘方面的认定机制，着力培育一批导向正确、影响力广的网络名师
2015 年 9 月 30 日	中宣部、教育部	《关于加强和改进高校宣传思想工作队伍建设的意见》	要积极探索建立优秀网络文章在科研成果统计、职务职称评聘方面的认定机制，不断形成吸引优秀人才参与网络文化建设的政策导向
2017 年 12 月 5 日	教育部	《高校思想政治工作质量提升工程实施纲要》	建立网络文化成果评价认证体系，推动将优秀网络文化成果纳入高校科研成果统计、列为教师职务职称评聘条件、作为师生评奖评优依据
2020 年 4 月 28 日	教育部等八部门	《关于加快构建高校思想政治工作体系的意见》	引导和扶持师生积极创作导向正确、内容生动、形式多样的网络文化产品……推动将优秀网络文化成果纳入科研成果评价统计

　　为了落实政府高层有关文件精神，激励广大高校教师（包括学生）的创作热情，越来越多的高校开始制定"网文"的认定实施办法。例如2017年8月，吉林大学颁发了《吉林大学网络舆情类成果认定办法（试行）》。在吉林大学的版本中，"网文"主要局限于优秀网络文章。再如2017年9月，浙江大学颁发了《浙江大学优秀网络文化成果认定实施办法（试行）》。在浙江大学的版本中，"网文"的外延得到大的扩充，包括优秀原创文章、影音、动漫等作品。

　　然而，在当前我国高校"网文"政策制定与执行的过程中，却遭遇到各种现实的困境。综合起来，大致存在以下几种情形：

　　第一，"网文"既然作为科研成果纳入高校教师职务职称评聘、评奖评估的条件与依据，那么，"网文"政策的制定与执行的主体理应是学校或学院学术委员会，但当前在绝大部分高校是由学校党委宣传部负责。

　　第二，国家对"网文"的形式没有做具体的限定，只要是"导向正确、内容生动、形式多样"的网络文化作品，理论上都可以纳入学术评价体系。但就当前来看，不少高校把"网文"限定为"三报一刊"（《人民日报》《光明日报》《经济日报》和《求是》）上发表的理论文章。

　　第三，国家推动"网文"纳入学术评价体系，目的在于引导和扶持高校教师创作"网文"，抢夺网络空间话语权，营造一个风清气正的网络空间。换言之，任何一名致力于"传播正能量、弘扬主旋律"的高校教师都应有资格获得学校官方的支持与认可。但在实践过程中，一些高校把"网文"的创作者限定为思政教师，或者非学术岗的高校行政人员，普通教师很难凭借创作"网文"获得晋升。

　　第四，一些高校虽然根据国家相关文件，制定了"网文"的认定与实施办法，但主要由高校行政部门单方面制定。"网文"政策制定之前，既没有进行广泛宣传，也没有广泛征求教师的意见。"网文"政策制定之后，学校也没有认真执行，多半流于表面，某种程度上沦为一纸空文。

第五，在大部分高校，"网文"虽然被纳入学术评价体系，但并没有激起广大高校教师的"网文"创作意愿。绝大多数教师仍按部就班地从事传统的教学与研究。即便有，也主要限于在主流报刊上发表文章，在社交媒体上发布影音、动漫等作品的高校教师可谓凤毛麟角。而且后者主要是出于个人的兴趣与社会责任感，而不是希冀借此获得职称晋升。

概言之，"网文"纳入学术评价体系——这一全新的学术评价制度，在变迁过程中遭遇到各种困境与挑战，甚至可以用"制度失灵"来概括。一方面，国家出台了多项文件，要求高校把"网文"纳入教师科研成果统计、职务职称评聘的条件之中，以吸引广大高校教师参与网络文化建设，创作优秀网络文化作品。在中央指导下，不少高校也投入了人力和物力，制定了"网文"认定与实施的办法。另一方面，大部分高校教师"网文"创作意愿并不强烈，高校制定的"网文"政策似乎并没有对他们起到多大的作用。这里不禁要问：高校"网文"政策的执行为何陷入困境？"网文"纳入学术评价体系后，为什么没有从根本上提升高校教师的"网文"创作意愿？

本书将我国高校教师的"网文"创作置于多重逻辑分析框架之下，通过分析高等教育场域中不同行动者背后的制度逻辑以及逻辑间的张力，试图解释我国高校"网文"政策执行过程中的困境。

第二节　多重逻辑的分析框架

在制度主义理论分析框架中，制度是指一系列约束和指导人们行为的规则与规范的集合。任何一项制度都存在一个制定、变革和完善的过程，即我们常说的制度变迁。一般而言，制度变迁包含两个方面的变迁:一是新制度代替旧制度,是制度从无变为有的过程,例如新中国的建立就是一个代替旧资本主义制度的过程;二是原有制度结构中某个特定制度的变迁,可以理解为对原有制度要素的完善。本书中的"网文"认定政策,即属于后者,它是对原有学术评价制度的一种补充和完善,而不是一种代替。

制度变迁主要有两种方式:一是诱致性制度变迁(inducing institutional change),指的是一种以利益驱使为基点的变迁,行动者在同等情况下,会倾向于选择成本较低或者能带来预期收益的制度安排;二是强制性变迁(enforcing institutional change),指执政党和政府实施、自上而下的变迁过程。[①] 显然,本书中的"网文"认定政策属于后者,它是由政府自上而下推动的,而非学术界自下而上的呼吁。制度变迁意味着现行的规则与利益分配机制被重新打破和再造,制度变迁的过程和方向由不同利益群体之间的博弈结果来决定。

过去几十年,有关制度变迁研究的主流思路是:超越具体的社会背景或者从统计意义上控制其他变量,仅仅关注某一种机制,并在研究过程中将其孤立分化,而没有充分认识到不同机制之间的关系及其相互作用。这往往导致人们对相关问题的认识不够深刻、不够全面,甚至产生误读。自然而然,这些研究无助于化解制度变迁背后的困境。基于以上缺陷,斯坦福大学周雪光教授等人基于经期的实证分析,于2010年提出了多重制度逻辑的分析框架。所谓制度逻辑,是指某一领域中稳定存在的制度安排和相应的行动机制。该分析框架的核心观点是:"制度变迁是由占据不同利益的个人和群体之间相互作用而推动和约束的,而不同群体和个人的行为受其所处场域的制度逻

---

① 科斯,阿尔钦,诺斯.财产权利与制度变迁[M].刘守英,等译.上海:上海人民出版社,1994:274.

辑制约。"①

多重制度逻辑的分析框架包括三个重要命题:第一,制度变迁涉及多重过程和不同制度要素间的安排组合;研究者必须从这些制度逻辑的相互关系中把握它们的作用和影响。例如,在村庄选举制度的变迁过程中,可以发现中央政府、基层政府以及乡村社会背后蕴含着不同的制度逻辑,且它们之间会发生相互作用。第二,宏观层次上的制度逻辑诱发了具体的可观察的微观行为;因而,对某一特定领域中制度安排的认识可以有效地帮助我们理解和预测某一群体的微观行为。同样,通过洞悉不同群体的行为方式及其相互作用,可以帮助我们理解其背后的制度逻辑。第三,制度变迁是一个内生性过程,即不同群体和个人都有着自己的利益诉求与行动逻辑,彼此间的相互作用影响和制约了随后的发展轨迹。

在分析村庄选举制度变迁的过程中,周雪光教授等人指出,村民、基层政府和国家这三个行动团体的行为受到他们身处领域中稳定制度安排的制约,反映了各自领域中的制度逻辑。一是国家的逻辑,即那些有关中央政府和政策决策过程的稳定制度安排。二是科层制的逻辑,科层制度中的压力型体制、向上负责制和激励机制使得基层官员对来自上级的指令十分敏感。之所以出现这种情况,是因为基层官员想确保自己获得晋升,或者至少不被淘汰。三是乡村的逻辑,即村民参与公共领域中的行为方式并不总是与公民身份相一致,而是被编入各种社会关系特别是家族邻里的网络。村庄选举正是在这三重制度逻辑的相互作用下不断演变的。

多重制度逻辑的分析框架最初用于解释中国村庄选举制度的变迁,后被广泛应用于解释城市基层治理变迁、专车治理改革、农村税费

① 周雪光,艾云.多重逻辑下的制度变迁:一个分析框架[J].中国社会科学,2010(4):132-141.

改革、器官捐赠等。例如：周向红基于国家的逻辑、科层制的逻辑和效率的逻辑，分析了城市专车治理的困境①；李怀瑞基于制度逻辑、市场逻辑和实践逻辑，分析了我国捐献器官制度失灵的问题②。在高等教育领域，该分析框架也得到越来越多的运用。例如：阎凤桥基于多重逻辑的视角，分析了我国高校的学科评估问题，得出了有别于以往的结论③；王思懿等人基于多重逻辑的分析框架，阐释了美国高校终身教职制度的变迁，极大丰富了我们对其的认识④。总的来看，该框架非常适合分析高等教育领域中的制度变迁问题。因为高校是一个典型的利益相关者组织，不仅涉及政府、慈善机构、协会组织、校友，而且涉及高校行政人员、教师以及学生等。这些不同的利益相关者的背后都稳定存在着某种制度逻辑，并有着相应的行动机制和利益诉求。因而，大学的治理往往非常复杂，牵一发而动全身，以至于学者常常把大学治理比喻成"牧猫"。⑤

第三节　"网文"政策陷入困境的多重逻辑

"网文"纳入学术评价体系是高等教育领域中一种新的制度变迁。那么，基于多重逻辑的分析框架，应该从何处入手来分析高校"网文"政策执行的困境？不难看出，在"网文"纳入学术评价体系的过程中，

① 周向红.多重逻辑下的城市专车治理困境研究[J].公共管理学报,2016(4):139-151.
② 李怀瑞.制度何以失灵？——多重逻辑下的捐献器官分配正义研究[J].社会学研究,2020(1):170-193.
③ 阎凤桥.学科评估的多重逻辑[J].教育发展研究,2021(1):7-9.
④ 王思懿,赵文华.多重制度逻辑博弈下的美国终身教职制度变迁[J].教育发展研究,2018(1):76-84.
⑤ 刘爱生.美国研究型大学治理过程的主要特征及其文化基础[J].华东师范大学学报(教育科学版),2019(2):136-143.

存在三个行动主体：高校教师——"网文"的创作者；高校管理者——"网文"认定和实施办法的制定者与执行者；教育部、中宣部等国家机构——"网文"纳入学术评价体系的推动者。这三个行动主体的行为和角色反映了三个制度逻辑——学术的逻辑、科层制的逻辑和国家的逻辑。高校教师、高校管理者和国家这三个行动群体的行为受他们各自领域中的制度安排制约，反映了各自领域中的制度逻辑。高校教师的"网文"创作正是在这些多重并存的制度逻辑的相互作用下进行的。

一、国家的逻辑

所谓国家的逻辑，是指有关中央政府和政策决策过程的稳定制度安排。根据周雪光教授等人的分析，中国的国家政权并非铁板一块，而是由有着不同利益与多重目标的各个部门机构组成的；国家政策的制定和实施是在各个部门的相互作用与制约下实现的。这种情况使得国家逻辑在制度变迁中呈现出两个突出特点：第一，国家政策在运行过程中难免出现模糊性和内在矛盾；第二，中央政府各个部门由于其职责和任务的不同，会向地方政府和官员提出不同的，甚至相互冲突的要求与目标。[①]

那么，在高校"网文"政策认定与执行的背后，国家的逻辑是如何体现的呢？从根源上讲，国家推动"网文"纳入学术评价体系是新时代建设网络强国的时代要求。高校作为人才集聚和知识生产的高地，完全有能力而且应当在互联网的舆论斗争中发挥更大的作用。理所当然，这就要求"必须推动广大师生积极主动地在互联网上发言发声，为更好凝聚社会共识做出积极贡献"[②]。因而，吉林大学、浙江大学等高

---

① 周雪光,艾云.多重逻辑下的制度变迁:一个分析框架[J].中国社会科学,2010(4):132-141.
② 张安胜.推动高校优秀网络文化成果评价认证的思考[J].中国高等教育,2018(22):27-29.

校制定"网文"认定与实施的办法是落实思政工作会议精神的举措，目的在于鼓励广大师生在网络上弘扬主旋律、传播正能量。

国家在推动"网文"纳入学术评价、引导和扶持高校教师创作"网文"的同时，又谨慎防范高校教师的"不当言论"，并将其与教师的职称评审、岗位聘用、导师遴选、评优评奖等紧密挂钩。2018 年教育部印发的《新时代高校教师职业行为十项准则》就规定："不得通过……信息网络及其他渠道发表、转发错误观点，或编造散布虚假信息、不良信息。"①这条准则表面上看似明晰，但在实际运用时，可以发现：除了一些明显的歪曲历史、反党反政府等极端言论可轻易做出"错误"或"不当"的判断外，在很多情况下，对于"错误观点""不良信息"，并没有一个十分明晰的界定，尤其是涉及学术观点的评判时。一个极具典型性的案例是 2019 年 5 月电子科技大学教师郑文锋因在课程 QQ 群贬低中国古代四大发明而遭到校方严厉的惩处（停止评职称、停止教学 2 年等决定）。校方的依据是：郑文锋发表了不当言论，属于师德失落行为。但是，包括光明网、央视网在内的舆论普遍认为，这属于学术的争议，学校要正确区分学术与政治，勿上纲上线。②郑文锋的言论到底属不属于不当言论暂且不究，但类似的案例很大程度上造成了寒蝉效应，挤压了高校教师的言论空间，让许多教师选择谨言慎行，甚至远离网络。

基于以上分析，我们可以明显看到国家相关政策的相互冲突之处。在宏观层次上，国家有关"网文"的政策时常存在着不尽一致的情形。以 2020 年 4 月教育部等八部门颁布的《关于加快构建高校思想

---

① 教育部. 新时代高校教师职业行为十项准则[EB/OL]. (2018-11-08)[2021-12-28]. http://news. science net. cn/htmlnews/2018/11/420004. shtm.

② 光明网评论员. 让"四大发明"争议回归学术[EB/OL]. (2019-08-25)[2022-10-10]. http://dailyvoice sina. cn/mtjj/2019-08-25/detail-ihytcern3432304d. html.

政治工作体系的意见》和 2020 年 12 月人力资源社会保障部、教育部颁布的《关于深化高等学校教师职称制度改革的指导意见》做简单的对比。前者在"加强网络育人"的条款中提到,"引导和扶持师生积极创作导向正确、内容生动、形式多样的网络文化产品……推动将优秀网络文化成果纳入科研成果评价统计"。① 据此,我们大致可以做出如下判断:第一,对创作"网文"的高校教师类别没有做限定。任何一名教师,无论从事哪个领域的研究,只要其创作的网络文化作品导向正确,具有网络育人的功效,那么作品就应该纳入学术评价体系。第二,对"网文"的形式没有做具体的限定,更多的是强调"内容生动、形式多样"。关于这两点,2017 年,教育部思想政治工作司司长张东刚在回应"网文"算不算科研成果这个问题时,就做了明确指示:"任何成果,不管在哪发表,只要有正能量,对人有正面的促进、引领作用,都是好成果。评价应以内容为标准,不应以载体为标准。"② 然而,后者对"网文"在高校教师评价中的作用与地位几乎没有涉及,仅仅在"优化思想政治工作评审"条款中提到:"建立符合思想政治理论课教师职业特点和岗位要求的评价标准……将在中央和地方主要媒体上发表的理论文章等纳入思想政治理论课教师职称成果评价范围。"换言之,按照这份文件,"网文"的创作者主要限定为思想政治理论课教师,"网文"的形式主要限定于中央和地方媒体上发表的理论文章。可见,这两份文件在涉及"网文"的条款上,存在着明显的不一致。如果学校遵照后者制定高校教师评价制度,那么"网文"创作只变成少部分教师的"专利"。由于一再把"网文"限定为中央和地方主要媒体上发表的理论文

---

① 教育部等八部门.关于加快构建高校思想政治工作体系的意见[EB/OL].(2020-05-15)[2021-12-29]. http://www.gov.cn/zhengce/zhengceku/2020-05/15/content_5511831.htm.

② 央广网.网络文化成果算不算科研成果? 教育部:以内容为标准[EB/OL].(2017-12-07)[2021-12-28]. https://baijiahao.baidu.com/s? id=15860937828749377798&wfr=spider&for=pc.

章,鉴于发表的难度,势必又会打消一部分教师创作"网文"的热情。

总之,从国家的逻辑来看,国家相关政策为"网文"纳入学术评价体系提供了一个总体框架。但就这一框架本身而言,它是松散的,有着内在的矛盾。具体来说,一方面,国家的逻辑使得有关"网文"的政策文本存在不尽一致之处,造成了高校管理者及教师的左右为难;另一方面,国家的逻辑塑造了政府高层的双重目标。政策制定既要符合建设网络强国的国家战略,鼓励教师积极主动地在互联网上发言发声,但又得谨慎防范教师的网络言论,以达到加强网上正面宣传、净化网络空间的目的。因此,政策制定者对于"网文"暗含着既肯定(大力推行)又否定(谨慎防范)的态度,试图兼顾双重目标。但是,鱼与熊掌往往不可兼得。在国家的逻辑下,高校教师的"网文"创作意愿与热情肯定会受到打击。

二、科层制的逻辑

虽然中央政府近年来一直在深化高等教育的"放管服"改革,以让大学获得更大的自主权,但在制度路径依赖下,大学作为政府隶属机构的性质并没有根本上的变动。政府与大学的关系仍属于政府本位的模式,属于领导与被领导的关系。具体而言,政府在双方的关系中居于主导地位,大学处于从属地位,接受政府的领导和管理。[①] 关于这一点,许多学者业已指出,无须赘言。这意味着各级政府所普遍遵循着的稳定存在的科层制逻辑同样存在于大学组织之中。那么,在我国,科层制逻辑呈现出哪些特点?第一,基层官员处在一种压力型的管理体制之中,需要贯彻执行自上而下的多方政策和行政指令,努力

---

① 刘晖,廖勇.地方大学与政府关系探究——基于 Z 大学 2009—2019 年政策性文件的分析[J].高等教育研究,2021(1):25-32.

完成上级政府分派的各项任务与指标。这是因为基层官员的升迁和调动主要依赖上级官员的考核和评估,他们对来自上级的指令非常敏感。第二,基层官员关注的一个重心是其职业生涯前景。这意味着基层官员在执行上级政府下派的各种任务时,会在权衡利弊与轻重之后,选择那些有利于职业晋升或安稳的做法。

吉林大学、浙江大学等一众高校制定"网文"的认定实施办法,正是科层制逻辑第一个特点的正常反应。高校作为政府部门的隶属机构,自然需要贯彻国家领导的重要指示精神,执行国家相关方针政策。但是,我们并不能从科层制逻辑本身得出这样的论断:高校管理者在制定和执行"网文"政策的过程中,不会原原本本遵循和执行相关的国家政策部署,而是会出现各种变通、搁置、拼凑应对以及模糊性或选择性执行等行为。[①] 事实上,前文提到的"网文"政策执行中出现的一些困境,包括限定"网文"创作对象、缩小"网文"认定范围,以及"网文"政策执行中的"形式大于内容"等问题,就是高校治理中政策"适应性执行"[②]的体现。

在这里,我们需关注高校管理者所处的任务环境,即他们所面临的自上而下的必须认真应对的各种任务,以及它们之间的相互关系。换言之,高校的治理体现了典型的多任务特征,可谓"上面千条线,下面一根针"。如前所述,国家的逻辑意味着来自中央政府的各种政策包含着不一致甚至是相互冲突的多重任务和目标。在我国,不同类型的高校普遍面临着多种任务,包括"双一流"建设、博(硕)士点申请、高等教育国际化、本科教学评估、学科评估、专业认证、校地合作等。推

---

① 崔晶.基层治理中政治的搁置与模糊执行分析——一个非正式制度的视角[J].中国行政管理,2020(1):83-91.

② 崔晶.基层治理中的政策"适应性分析"——基于 Y 区和 H 镇的案例分析[J].公共管理学报,2022(1):52-63.

动"网文"纳入学术评价体系只是高校管理者面临的诸多任务之一而已。而且,各任务之间的总体目标并不是一致的,有些彼此之间甚至形成掣肘。以世界一流大学建设为例,政府考察的一个重要指标是大学的国际声誉与排名,而国际声誉的一个重要指标是论文发表,尤其是高水平的原创性论文。在这种环境下,高校管理者必然会大力鼓励教师发表高水平的论文。因而,单纯从建设世界一流大学的角度来看,"网文"是否纳入学术评价体系显得不太重要;反而,大力鼓励高校教师创作"网文"会减少教师的论文产出。

由于高校资源的有限性和管理者(包括高校教师)时间与精力的有限性,他们不可能花同样的人力、财力和物力于每一项任务中,而必须在任务环境中相互冲突的目标之间加以权衡。显然,对于高校管理者而言,许多任务远远比推动"网文"纳入学术评价体系更为重要。其中,各种排他性和竞争性的"工程"、"计划"和"项目",尤其是国家重大项目和工程,更是高校领导者关注的头等大事,"成为必须争夺的最重要的学术资源和必须抓住的最重要的发展机遇"①。相比于这些关乎学校发展命运与领导者职业生涯发展前途的"硬任务",推动"网文"纳入学术评价体系只能称得上是"软任务"。此外,不同任务也存在着轻重缓急之分,高校管理者需要在此之间做出选择。显然,对高校管理者而言,不少任务(例如学科评估)远比推动教师创作"网文"更为紧急、更为重要。

总之,在科层制的逻辑下,高校管理者需要贯彻上级部门的政策法规,即制定"网文"的实施认定办法。但是,在当前政策目标充满冲突的任务环境下,推动"网文"纳入学术评价体系在多数情况下并不能实现管理者个人或部门利益的最大化。在此悖论下,出现管理者形式

---

① 朱剑.科研体制与学术评价之关系——从"学术乱象"根源问题说起[J].清华大学学报(哲学社会科学版),2015(1):5-12.

上贯彻政策或"选择性履行"①政策的现象,自然并不奇怪。显然,高校管理者在"网文"认定实施过程中的"选择性履行"或"口惠而实不至",会极大地影响到教师的"网文"创作意愿。

三、学术的逻辑

大学教师作为"网文"的创作者,除了受到国家的逻辑、科层制的逻辑影响外,还受到学术的逻辑的影响。学术的逻辑并不总是会顺应国家的逻辑或科层制的逻辑,很多时候与之存在冲突和矛盾。因为学术的运行有其内在规律,外部的政策法规或者说政治权力并不完全能够主导拥有学术权力的高校教师。那么,什么是学术的逻辑? 当前,并没有一个统一的说法。按照前文对制度逻辑的界定,这里把学术的逻辑定义为:学术共同体中稳定存在的制度安排和相应的行动机制。其中,制度安排既包括正式的制度(如教师评价制度、同行评议制度、学术诚信制度等),又包括非正式的制度(学术等级、学术门派、学术声誉等),二者是相辅相成的。

在正式制度中,对高校教师影响最大的当属学术评价制度。它就像一个指挥棒,引导着教师的行动。当前,虽然我国不少高校已把"网文"纳入学术评价体系,但无一例外,只是在原有的评价体系上做增补。在这一点上,国外高校亦是如此。在教师聘用与晋升标准中,"网文"创作只是一种"被鼓励"的行为和加分项,并非一项强制性的要求。② 为什么不能做强制性要求? 因为学术的逻辑从根本上决定了"大学要崇尚科学、追求真理,……以提出新思想、新理论为圭臬,强调

---

① 郁建兴,高翔.地方发展型政府的行为逻辑及制度基础[J].中国社会科学,2012(5):95-112.
② 刘爱生.国外学术评价体系中的"网文":兴起、行动与挑战[J].清华大学教育研究,2018(5):90-98,115.

学术水准,追求学术卓越⋯⋯"①。相对而言,"网文"是建立在专业知识基础之上的一种面向社会公众的普及,更多地强调社会影响力。如果强制要求每位高校教师创作"网文",极有可能扭曲大学作为探究场所的本性,遭到整个学术界的反对和抵制。显然,在教师评价制度无法做根本改变的前提下,当前的增补工作只能说是一种"小打小闹"或"锦上添花",起到的激励作用较为有限。

在高等教育领域,相比于正式制度,非正式制度对高校教师行为所产生的影响往往更广泛、更持久。总的来看,不支持高校教师创作"网文"的非正式制度包括:(1)学术声誉的观念。在学术界,一个教师如果想要获得同行的认可、建立个人的学术声望,需要通过不断发表高水平的研究成果来证明自己。即便受到高度重视的教学,也无法撼动研究的地位。因为学术界几乎形成这样一条潜规则:"国家和各种机构的政策都只鼓励和承认在科研上优秀的人,而非在教学中出色的人。"②教学在高校的地位尚且如此,作为一种备选的"网文"在学术界的地位可想而知。甚至有学者认为,"网文"创作不仅无助于凸显教师的学术水平,而且会降低教师的学术声誉。③ (2)学术成果的观念。自1990年博耶提出多元的学术观之后,学术界对学术的理解得到了极大的扩展。然而,过去30多年的实践表明,传统的学术观(发现的学术)仍根深蒂固,许多高校教师仍然倾向于认为论文与专著才能称为真正的学术成果。(3)学术中立的观念。受学术自由、学术中立等观念的影响,不少高校教师秉持"为学术而学术"的信念,坚持"只求真

① 袁广林.学术逻辑与社会逻辑——世界一流学科建设价值取向探析[J].学位与研究生教育,2017(9):1-7.
② 比彻,特罗勒尔.学术部落及其领地——知识探索与学科文化[M].唐跃勤,蒲茂华,陈洪捷,译.北京:北京大学出版社,2015:90.
③ Lenoard D. In defense of public writing[EB/OL]. (2014-11-12)[2021-12-29]. https://chroniclevitae.com/news/797-in-defense-of-public-writing.

理、不问世事"的态度,刻意与社会大众保持一定的距离。在他们看来,高校教师做好自己的本职工作(如教学、研究)即可,没有必要卷入网络,为公众创作"网文"。

还需要补充的是,在制度变迁过程中,正式制度与非正式制度会互相影响、相互渗透,共同制约着人们的行为。当前,我国高校在对教师进行评价时,普遍推行代表作制度和同行评议制度(正式的制度)。无疑,这些正式的制度安排有利于提升科研质量,有利于破除"五唯",但对于"网文"创作并不友好。试想:在当前的学术文化与观念(非正式制度)下,有哪位教师敢把自己的"网文"作为职称评审的代表作(正式制度),并接受同行的评议?事实上,就当前已经制定"网文"认定实施办法的高校,尚未听说有哪位教师在职称评审时把"网文"作为个人送审的代表作,更未听闻有哪位教师因创作"网文"而获得晋升。

基于多重制度逻辑的分析框架,上文分析了高校"网文"政策执行陷入困境的机制。从国家的逻辑来看,政府部门间目标和利益的多重不统一导致国家有关"网文"的政策不尽一致,甚至相互矛盾;从科层制的逻辑来看,管理者在权衡高校任务环境中的多重政策目标之后,发现推动"网文"纳入学术评价体系并不能带来收益最大化,因而采取运动式或有选择性地执行政策;从学术的逻辑来看,大学以崇尚科学、追求原创性成果为圭臬,这从根本上决定了"网文"无法在正式的教师评价制度占据重要的位置。此外,学术界的各种非正式制度也不支持高校教师创作"网文"(见图 5.1)。

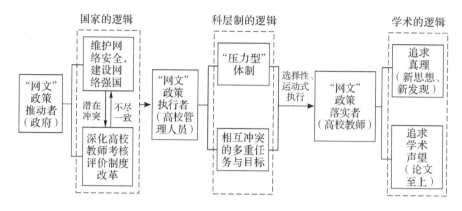

图 5.1 "网文"认定政策多重制度逻辑的互动

第四节 高校"网文"政策执行困境的个案分析

在现实世界中,我国高校在推动"网文"纳入学术评价体系的过程中究竟存在哪些困境,碰到哪些挑战? 我们暂且不得而知。鉴于此,本书将在实证研究的基础上,尝试回答这个问题,并在此基础上找出问题的化解策略。

一、研究设计

本书采用质性研究的个案研究法,目的不在于追求研究结果的普适性,而是透过个案这个窗口窥探现实的世界,并从中得出若干启示。① 本书选取了 Z 大学作为案例。Z 大学是国内一所著名的研究型大学,是国内较早制定和实施"网文"政策的高校之一。从 2017 年底正式颁布《Z 大学优秀网络文化成果认定实施办法(试行)》(简称《"网

---

① 吴康宁.个案究竟是什么——兼谈个案研究不能承受之重[J].教育研究,2020(11):4-10.

文"认定实施办法》),如今已经过去多年。Z大学多年"网文"认定实施的经验给我们提供了一幅详尽的"实践画面",有助于我们更好地分析"网文"纳入学术评价体系面临的困境。

(一)研究数据来源

在资料收集方面,鉴于访谈法的形式开放和灵活自由,本书对 2名行政人员和 10 名教师进行了半结构式的深入访谈,时间为 2022 年5 月 25 日—2022 年 6 月 5 日。访谈对象的选择遵循目的性抽样原则。首先,选取了 2 名具体负责"网文"认定实施的行政人员;然后,按照性别、职称、学科背景(这里分了两大类)以及有无"网文"创作经验,选取了 10 名教师作为访谈对象。需要指出的是,回顾 Z 大学既往认定的"网文"创作者名单,尚没有见到理工科教师。但为了聆听他们的声音,本书特意选取了 2 名理工科教师(访谈对象特征见表 5.2)。访谈内容在征求对象同意的基础上进行录音并转录。

表 5.2 访谈对象特征

访谈人员	性别	职称/职务	有无"网文"创作经验	学科背景
行政人员 A	男	宣传部新媒体工作办公室主任		
行政人员 B	女	宣传部网络信息办公室副主任		
教师 C	男	讲师	有	人文社科
教师 D	女	讲师	无	人文社科
教师 E	男	副教授	无	人文社科
教师 F	男	副教授	有	人文社科
教师 G	男	副教授	无	理工科
教师 H	女	副教授	无	人文社科
教师 I	女	教授	有	人文社科
教师 J	男	教授	无	人文社科
教师 K	女	教授	无	理工科
教师 L	男	教授	有	人文社科

(二)访谈提纲设计

围绕 Z 大学"网文"认定实施中的困境,本书基于访谈对象的不同身份(教师与行政人员)分别设计了访谈大纲,主要问题如下:(1)对于《"网文"认定实施办法》这项政策,您是怎么看待的?(2)对于这项政策的未来发展前景,您是怎么看的?(3)这项政策是否激起了教师创作"网文"的意愿与热情?原因是什么?(4)在职称晋升中,有没有教师凭借"网文"而获得晋升?(5)就您个人而言,愿意/不愿意创作"网文",主要是出于什么考虑?(6)您是否愿意将个人创作的"网文",作为职称送审的代表作?7.在您看来,"网文"认定实施过程中碰到的困难与挑战,主要包括哪些?

(三)文本资料编码过程

为了尽可能保证文本分析的准确性,本书采用了手工编码的方法,即人工提取文本资料中能够反映研究主题的核心词语与典型内容。同时,在内容分析过程中,访谈资料、已有文献和研究者的经验三者循环互动。经"条目—维度—类目"编码解析后,本书从舆论环境、"网文"认定标准、教师创作意愿以及执行效果等关键要素对 Z 大学"网文"政策执行过程中的困境进行多维度扫描(见表 5.3)。

表 5.3　Z 大学"网文"政策执行关键要素的维度及其典型条目

类目	维度	典型条目(举例)
舆论环境	网络舆情	追求"10 万+"的点击量,除了造就一些"网红教授"之外,并不能带来真正的学术进步
	媒体舆情	现在学校比较谨慎,没有把它当作一项重要任务来主推,不太想引起媒体的关注

类目	维度	典型条目(举例)
认定标准	等效评价机制	现在不少短视频的点击量很高,总不能把一个视频跟一篇权威期刊的论文画等号吧
	影响力评价	仅仅以量来评定,万一是一个不好的东西,仅依靠阅读量来评定,那不好的内容传播得越广危害越大
	质量保障机制	在报纸上发表文章也好,在网络上发表文章也好,它们的投稿、审稿渠道和录用不像学术期刊那么规范
创作意愿	信任水平	学院层面尤其是把控着学术评价话语权的少数人员,对这种新型的成果持一种怀疑乃至拒绝甚至排斥的态度
	实际收益	按照学校的职称晋升政策,普通教师不可能光靠网络文化成果获得晋升;退一步讲,即便有,也只是起到点缀作用
	潜在风险	怕引起舆情,担心引起不好的讨论,老师们有压力,怕被网络带偏节奏
	时间精力	教师得花费大量的时间去创作高质量的期刊论文,这就会导致没有时间和精力去创造网络文化成果
创作意愿	创作能力	网络文化成果需要通俗易懂,抓热点,吸引眼球,我在这方面不擅长
	个人性格	我不愿意创作网络文化成果,可能跟个人性格有关吧,我是相对偏向于保守型的
执行效果	执行力度	我们在网络文化成果认定实施过程中,还是以在主流媒体上发表的文章为主
	目标达成	网络文化成果的"学术性、思想性"固然有了,但"传播"属性占比偏低
	政策影响	那些符合我们优秀网络文化成果认定要求的教师一般都是在学术上已经很牛的知名教授

二、研究发现

(一)困境一:外部舆论环境不友好

"大众媒体在确保公共政策顺利执行的过程中一直起着举足轻重的作用。"①良好的舆论环境往往能推进公共政策的实施;相反,负面的

---

① 彭璐.形成有利于政府公共政策的舆论环境研究——以人口计生政策为例[D].重庆:西南政法大学,2011:1.

舆论氛围通常会削弱官方的话语权，阻碍公共政策的实施。这正是为什么长期以来我们国家十分强调发挥主流媒体作用、营造良好舆论环境。不过，随着各种自媒体的兴起，我们的舆论环境变得复杂多元，一项政策的实施未必都是在"良好的舆论环境"中进行的。

Z大学的《"网文"认定实施办法》颁布之后，迅即引来外界激烈而广泛的争议，这是校方一开始所没有预料到的。从争议内容来看，虽有理性的支持声音，但多以负面的评判为主。一些批评者认为，将媒体点击量与学术论文的价值等量齐观，会导致学术的退步，毁掉真正的学术；也有一些批评者认为，追求"10万＋"的点击量，除了造就一些"网红教授"之外，并不能带来真正的学术进步；甚至一些批评者认为，Z大学这项新规本身就不合法，应自行纠正、停止施行，或者直接予以撤销。外界的批判偏激也好，"断章取义"也好，但不论怎样，它营造了一种非常不友好的舆论环境，给校方带来了巨大的舆论压力，以至于Z大学相关负责人不得不向外界澄清学校出台《"网文"认定实施办法》的目的、优秀"网文"涵盖的内容和范围等事项。可以说，外部不友好的舆论环境使得Z大学的《"网文"认定实施办法》一开始就是在"负重前行"。为了避免招惹不必要的媒体关注，如今Z大学在"网文"认定实施过程中尽量低调行事，给人一种信心不足、在做不太光彩之事的感觉。

受访的行政人员A对此谈道：

> 网络文化成果认定实施办法的制定，算得上是第一个吃螃蟹，基本上处于摸着石头过河的状态。现在学校比较谨慎，没有把它当作一项重要任务来主推，主要是不太想引起媒体的关注。毕竟这项政策在许多方面还不太成熟，多少还是有点风险的。

受访的行政人员B对此指出：

我校网络文化成果认定实施办法的执行现处于一种"偷偷干,不声张"的状态,处在一个试水的、非常低调的阶段。先适应几年,然后在实施过程中不断修订完善。因为这个办法在实施的过程中存在很多漏洞和不明确的地方。校领导主张先做个几年,等争议平息了,等方案成熟了,再大张旗鼓地做。

(二)困境二:"网文"认定标准难以服众

任何一项成果,不论其为何种形式,只要纳入学术评价体系,就应该以质量和影响力作为评判的核心标准。2008年,想象美国在其发布的报告《公共学术:参与型大学的知识创造与终身制政策》中提出了"学术连续体"这一全新的概念。根据这一概念,学术的内涵是多元的,类似于光谱或梯度。在学术连续体中,无论是位于一端的传统型学术,还是位于另一端的参与型学术("网文"即属于其中的一种),在学术评价中都具有平等的地位,且应遵循共同的评价原则,如质量和影响力。[①]

然而,真正落实到"网文"评价时,首先碰到的一个问题是"网文"与论文之间的等效评价机制。根据Z大学的《"网文"认定实施办法》,高校教师创作的"网文"依据传播平台和网络传播数量,可申报认定为国内权威学术论文、一级学术论文和核心论文。但是,受访的许多教师对此表示异议,认为二者并非等价物,不可简单地交换。

受访的教师D对此谈道:

网络文化成果认定实施过程中,最大的一个问题源于思想与认知层面。很多人还是抱着一种传统的观念,认为学术成果就应该是不下1万字的,最起码也得是几千字的,这才算作成果,觉得

[①]　Ellison J, Eatman T K. Scholarship in public: Knowledge creation and tenure policy in the engaged university[R]. Davis: Imagining America, 2008: 16.

你写个 1000 多字的网络文化成果怎么能是学术成果呢? 二者怎么能等效评价呢?

受访的教师 J 对此谈道:

制定标准的人懂网络不懂学术,学术圈的人多半不懂网络。我们知道现在发表一篇高质量的学术论文非常难,作者从问题提出到论文写好再到论文投稿,可能要花一两年时间,而且动不动要上万字。但据我所知,发表在报纸上的文章大多一两千字,快的人估计一两个晚上就能写好。此外,现在不少短视频的点击量很高,你总不能把一个视频跟一篇权威论文画等号吧。总之,网络文化成果与传统的学术论文如何等价对接,是一个很大的问题。不仅网络文化成果的评价面临这个问题,而且智库成果也涉及类似的评价问题。

第二个问题是"网文"影响力的评价标准。在学术界,一篇论文影响力通常依据其期刊的声誉、期刊的影响因子、论文他引次数等指标来衡量。[①] 但是,"网文"作为一个新兴事物,对其影响力的评价当前并没有一个公认的标准。在 Z 大学的《"网文"认定实施办法》中,对"网文"影响力的评价,一是依据其传播平台(如《人民日报》《光明日报》等),二是依据转载量和阅读量等。对于大部分习惯了传统学术论文评价标准的高校教师来说,后者显然难以让人接受。

受访的教师 G 对此指出:

网络文化成果认定实施办法本身存在一些问题。最早试行的办法只是以量来衡量……有点草率。仅仅以量来评定,万一是一个不好的东西,仅依靠阅读量来评定,那不好的内容传播得越

---

①　刘爱生.大学科研非学术影响评估:澳大利亚的探索与反思[J].世界高等教育,2021(1):16-29.

广危害越大,所以在认定机制上要去完善认定的方式,是否可以加入一些其他的评定方式,比如吸纳传统期刊的同行评审,以及其他类似的一些更加严谨的做法,可能会更好。

受访的教师 L 对此指出:

> 网络文化成果认定实施中碰到的一个困难与挑战在于标准难以服众。我们知道,点击量大的网络文章或视频通常都是自带话题性的内容,往往还有一个吸引人的标题,故意吸引你去点击。此外,现在流量很容易造假,你甚至可以花钱雇"水军"来刷数据。

第三个问题是"网文"质量的保障机制。当下,同行评议是学术工作的标准化操作,是"学术守门人"和"质量过滤器"的代名词。尽管同行评议近年来不断遭人诟病,但任何尝试修改或摆脱这一机制的努力都遭到学术界的巨大抵制。《英国医学杂志》(BMJ)(全球著名的四大医学期刊之一)前主编理查德·史密斯(Richard Smith)指出:"任何一种学术产品,不论其形式如何,只要纳入学术评价体系,都应接受同行评议。没有同行评议这个基础,学术出版的大厦将会轰然倒塌。"[1]显然,绝大多数"网文"在刊发或播报之前,缺乏一个严格的同行评议程序,甚至压根就不存在这个程序。在这种情形下,高校教师难免会对"网文"的质量生疑。

受访的教师 C 对此指出:

> 网络文化成果认定实施办法想要全面铺开,还是存在一定的阻力的,主要是因为在报纸上发表文章也好,在网络上发表文章也好,它们的投稿、审稿渠道和录用不像学术期刊那么规范。很多报纸都是向专家约稿的,根本就没有审稿这一环节。讲得不好

---

① McCook A. Is peer review broken? [J]. The Scientist, 2006(2):26-34.

听,想在报纸上发表文章,尤其是想长期在上面发文章,如果没有关系,是很难发的,可能连投都不知道投哪里。总之,网络文化成果……是不太公平的。

(三)困境三:高校教师"网文"创作意愿不强

我国高校制定"网文"认定实施办法,意在响应政府高层的号召,激励高校师生积极创作"网文"。但目前来看,我国高校教师的"网文"创作意愿似乎并不强烈。一项全国性的调查表明,我国高校教师"网文"创作意愿处于中等偏下的水平。[①] Z 大学的"网文"创作量一定程度上也能够予以佐证。根据行政人员 A 提供的数据,Z 大学自执行《"网文"认定实施办法》以来,每年大概仅有 20 名师生参与"网文"创作,平均发表量为 50 余篇。联系到 Z 大学庞大的教职工和学生数量,这个创作量不可谓不小。然而,即便 Z 大学师生每年都创作了一定量的"网文",也很难说是受《"网文"认定实施办法》所激发的。受访的教师 E 对此就表示:"Z 大学自颁布《"网文"认定实施办法》以来,利益相关者其实并没有太大的感受,教师的创作意愿并没有从根本上被激发。该项政策的用意与其说是鼓励大家去创作新的网络文化产品,不如说是对已有、常规在做的网络文化成果进行认定。"那么,Z 大学教师的"网文"创作意愿何以不强?

第一,高校教师对"网文"不信任。"信任的本质是社会成员在面对社会不确定性和复杂性增加时体现出的对自己依赖对象所维持的时空性特征。"[②]"网文"作为一种新兴成果,虽然已被纳入学术评价体系,但其地位与分量仍具有相当的不确定性。这种不确定性不仅源自

---

① 刘爱生,邹紫凡.我国高校教师"网文"创作行为的差异研究[J].浙江师范大学学报(社会科学版),2022(1):107-116.

② 翟学伟.信任的本质及其文化[J].社会,2014(1):1-26.

创作者自身的怀疑,而且源于他人对"网文"是否认可的忧虑。最终的结果是,当下绝大部分高校教师对"网文"充满不信任感。

受访的教师 F 对此谈道:

> 在我看来,网络文化成果是一些短小精悍的内容。就我个人来说,我可能不太会选择网络文化成果送审,因为在篇幅、深度上可能和传统的学术成果是不能相比的。即便它具有一定的社会价值,但不一定能够得到评审专家的认可。

受访的教师 I 对此谈道:

> 我不会把网络文化成果作为送审的代表作,因为它是一种自由表达的方式,并不是一个特别正式的、严肃的、严格的成果。相比于在《教育研究》《清华大学教育》《教育发展研究》上发表文章,这样的成果你好意思拿出来?比方说我在某某网站上发一篇文章,学校认不认是一回事,但我自己不好意思拿出来,除非这篇文章是《实践是检验真理的唯一标准》那种类型的,而且引发了全国性的轰动,才好意思拿出来。

受访的教师 D 对此谈道:

> 在我看来,这项政策在实施过程中碰到的困难与挑战是:学院层面尤其是把控着学术评价话语权的少数人员对这种新型的成果持一种怀疑乃至拒绝甚至排斥的态度。再者,学术评价体系,尤其是指标设计和成果认定目录,存在着一种"认期刊不认网络"的惯性认定思维,总觉得网络文化成果是不务正业,是投机取巧,是旁门左道,不是学者严谨认真的学术研究成果。

第二,"网文"创作的实际收益有限。人作为一个理性的经济人,从事某项经济活动时,大多会进行成本收益分析,力求追求效用的最大化。① Z 大学制定《"网文"认定实施办法》,通过把"网文"纳入学校科研成果统计、各类晋升评聘和评奖评优范围,目的是让教师看到预期收益,从而激发创作行为。然而,在现实生活中,"网文"创作的真实收益极为有限,远没有政策文本描绘的那般美好。自 Z 大学的《"网文"认定实施办法》执行 4 年以来,尚无人凭借"网文"创作获得物质奖励或职称晋升,占主导地位的仍是传统的论著。

受访的行政人员 A 对此谈道:

> 网络文化成果如果被认定为核心、一级或者权威论文,没有物质、金钱奖励,在职称评定中应该具有一定的参考价值。但不是绝对的,因为网络文化成果认定之后,还是要请人事处把关,还要看各个学院认不认。学校宣传部只负责网络文化成果的认定工作,不负责职称评定。

受访的教师 E 对此谈道:

> 我在某报纸上发表的一篇文章曾被学校认定了,但是学校只认级别,并没有给予任何物质奖励。单凭这一点,就会让很多人失去创作网络文化成果的动力,除非是出于个人的兴趣和爱好,毕竟创作网络文化成果需要花费不少的时间和精力。更为关键的是,按照学校的职称晋升政策,普通教师不可能光靠网络文化成果获得晋升;退一步讲,即便有,也只是起到点缀作用。

受访的教师 L 对此谈道:

> 根据学校网络文化成果认定实施办法,假如你在"三报一刊"上发表了文章,至少可以被认定为一级论文,你当然可以写进职称评审材料之中。但是,它也只是起到支撑作用。一个人评上教

---

① 贝克尔.人类行为的经济分析[M].王业宇,陈琪,译.上海:上海三联书店,1993:5.

授或副教授,不可能是因为他发表了网络文化成果。整体来说,还是从期刊、著作、课题、教学质量、对外交流以及社会服务活动这些方面去评定的。

第三,"网文"创作存在潜在风险。传统的论文写作和发表主要限于同行与同行之间的交流,外界通常对此不感兴趣。但是,高校教师创作的"网文"直接面对的是群体差异极大的普通公众。这意味着他极容易失去象牙塔的保护。一些学术上正常的争议,尤其涉及种族、性别、政治等敏感话题的争议,一旦进入公众的视线,极有可能被上纲上线,进而引发各种风波,包括骚扰、谩骂、"网暴"、人身攻击乃至生命威胁等。事实上,国外高校就发生了不少类似的案例,以至于一些学术会议专门探讨如何防范"网文"创作给大学教师带来的风险。① 同样,在本书的调研过程中,不少行政人员和高校教师都谈到了这个话题。

受访的行政人员 B 指出:

> 根据我的直观感受,一个可能会阻碍高校教师创作网络文化成果的因素是,怕引起舆情,担心引起不好的讨论,老师们有压力,怕被网络带偏节奏。

受访的教师 I 指出:

> 我觉得很多教师不愿意创作网络文化成果的一个很大的原因是,他们对网络文化不太认同,或者说有一种对网络的惧怕。可能背后存在某种心理机制,导致教师尝试的意愿不足。我院一位教师前段时间发表了一篇网络文章剖析某部译作的翻译问题,

---

① 刘爱生.国外学术评价体系中的"网文":兴起、行动与挑战[J].清华大学教育研究,2018(5):90-98,115.

那篇文章的阅读量很高,而且得到了大型媒体的转载。它的正面效益是有的,对于对翻译问题的重视和劣质作品的去除都是有促进作用的。但是,背后也是承受着一定的压力,我也听说过一些负面信息。你可能永远不知道你创作的网络文化成果会给自己带来什么。

第四,高校教师时间与精力有限。当下,高校教师普遍面临着沉重的工作负担。他们不仅要花大量的时间进行教学,还要开展科学研究和社会服务。"学术锦标赛"所带来的论文发表难度和课题申请难度增大、高等教育普及化所带来的教学负担增加,都增加了高校教师的压力。尤其值得一提的是,随着高校引入企业的管理模式(即所谓的管理主义),高校教师自主控制的空间大幅缩小,外在的各种要求反被大大增强。[①]"一减一增"之间,进一步增大了高校教师的工作负担。在这种背景下,高校教师就算有意愿去创作"网文",但受限于时间和精力,最终付诸的行动必然少之又少。

行政人员 A 对此指出:

> 很多教师不太愿意创作网络文化成果,一个重要原因是他们的学术压力本来就比较大。毕竟,现在网络文化成果在职称晋升中的占比还是比较小,教师还是得花费大量的时间去创作高质量的期刊论文,这就会导致没有时间和精力去创造网络文化成果,因为网络文化成果与传统的学术期刊是完全不同的话语体系。

高校教师 K 对此指出:

> 我属于理科领域,研究范式可能跟文科有很大的不同。我平时除了上课、开会,大部分时间就和研究生待在实验室了。没有

---

① 阎光才.大学教师的时间焦虑与学术治理[J].教育研究,2021(8):92-103.

办法,只有不断发表高质量的论文,我才能在本领域站稳脚跟。发表网络文化成果可能会进一步扩展知识传播以及提升自己的知名度,但我哪有时间和精力啊。

第五,高校教师"网文"创作能力不足。"网文"形式多样,包括面向公众的原创性文章、影音、动漫等,它们的表达方式完全不同于传统的学术论文。以原创性文字类"网文"为例,它要求教师具有一种将深奥的学术思想和科学发现转化成通俗易懂的文字的能力,但除了极个别具有天赋的学者之外,大部分教师离开了专业术语、数学符号、理论模型之后,往往不知道如何下手。[①] 影音类的网络文化作品更是如此,除非具有一定的专业背景,大部分高校教师都缺乏相关的创作能力。在我们的调研中,不少教师都表达了类似的观点。

受访的教师 L 对此表示:

> 我不愿意创作网络文化成果,跟个人的能力有关。网络文化成果需要通俗易懂,抓热点,吸引眼球。我在这方面不擅长。

受访的教师 E 对此表示:

> 我觉得网络文化成果创作还是需要一定的天赋的,比如易中天品三国,全国轰动,很大程度上那是因为他口才相当好。大学里有几个老师有他那么好的口才?还有,霍金讲时间简史,又有几个人能做到他那个地步?网络文化成果说起来简单,但创作起来没这么简单。

第六,高校教师的性格不适合创作"网文"。在以往的研究中,几乎没有涉及性格因素对高校教师"网文"创作的影响。但在此次调研中,有两位教师明确提出他们不愿意创作"网文"的一个重要原因与个

---

① 刘爱生.为公众写作:大学教师不应忽视的社会责任[J].高教探索,2021(2):115-120.

人性格相关。

受访的教师 H 对此表示:

> 我不愿意创作网络文化成果可归咎为个人的性格。网上的争议,大量的是无聊与曲解,不想浪费精力时间,不想卷入其中。我的性格还是适合安静地写论文。

受访的教师 L 对此表示:

> 可能跟个人性格有关吧,我个人整体来说是一个相对保守的。因为现在的网络文化成果也是良莠不齐,网络确实给个人带来了一些创作的自由和空间,但是其实也存在许多问题,鱼龙混杂,而且我国当下的网络环境、体制机制各方面不是很完善,在这种情况下可能会存在一些负面的东西,需要很强大的信息判断能力,就是什么是真的、什么是假的,有时候自己是很难判断的,所以基于这样的一个考虑,总体来说我不太愿意去创作网络文化成果。

(四)困境四:"网文"认定的实际操作难度极大

任何一项政策在付诸实施之前只是一种具有观念形态的分配方案,唯有通过有效的执行才能保证目标的达成。而政策执行本身是一个非常复杂的过程,其效果往往会受到多重因素的影响与制约。其中,政策制定得科学与否(是否具有合理性、明晰性、协调性、公平性等),对政策的执行效果起到至关重要的作用。[①] 回顾 Z 大学的《"网文"认定实施办法》,可以发现,除了"网文"认定标准本身充满争议之外(政策的合理性),更大的难点存在于认定的实际操作过程中的等级评定。而这很大程度上跟"网文"政策的明晰性有关。根据 Z 大学的

---

① 丁煌.政策制定的科学性与政策执行的有效性[J].南京社会科学,2002(1):38-44.

规定,"网文"的等级评定与刊发的平台层次与点击量紧密挂钩。但是,关于如何划分传播平台的层次和计算不同传播平台的点击量,"网文"认定政策本身夹杂着诸多模棱两可、含糊不清之处。

受访的行政人员 B 对此指出:

> 网络文化成果评定起来难度非常高,最大的问题就是互联网平台分层多,这些平台的等级划分、转发网络文化成果的平台数都需要人工去统计,现在还没有一个数字化的系统去统计,所以就会不准确,也不权威。像《人民日报》是主流媒体,但是人民网呢,你难以评定其算不算是主流媒体。认定过程中的细节十分烦琐复杂,所以需要一个精准的实施细则,另外就是网站分级和统计转发平台的具体情况十分困难。

或许正是由于"网文"评定的难度极大,政策执行者不得不"曲解政策,局部执行"。目前,Z 大学所认定的"网文"绝大部分属于在以"三报一刊"为代表的报刊上发表的文字类成果,而非外延更宽泛的"优秀原创文章、影音、动漫等作品"。这种简化虽然可以确保"网文"的质量和降低"网文"等级评定的难度,但会带来两个不良后果或者说另一层意义上的困境。第一,降低了"网文"的社会传播力和影响力。无论是教育部等八部门所提出的"引导和扶持师生积极创作导向正确、内容生动、形式多样的网络文化作品",还是 Z 大学"网文"所囊括的"优秀原创文章、影音、动漫等作品",目的都是要突破单一的文字类作品认定,走向一种更加包容和开放的网络文化作品,从而更好地适应时代变迁和影响社会公众。事实上,在社交媒体时代,公众获取知识和信息的方式已发生了巨大的变化。

根据《2019 年中国网民新闻阅读习惯变化的量化研究》,公众从微信群、抖音、今日头条、微博获取信息的比例分别为 77%、39%、

25%、24%,而从电视和报纸获取新闻信息的比例均在7%以下。尽管这些获取信息的渠道有重叠,但不难看出,我国公众倾向于通过移动端从新媒体渠道获取信息,电视、纸媒等传统媒体在信息传播方面的占有率大大下降。尤其值得一提的是,抖音所代表的短视频平台在用户获取信息过程中的重要性在增加,是除微信群外最多用户选择的渠道。随着5G时代的到来,用户接收的音视频内容将大幅增加,而接收的文字内容则会相应减少。显然,把"网文"简化为主流媒体上的理论性文章(这种文章实质上仍可归为传统的论文,只是在形式和篇幅上与传统的论文有所不同而已),无疑远离了政府的初衷和"网文"的精髓,进而削弱了"网文"的社会传播力和社会影响力。

受访的行政人员 A 对此就指出:

> 我们在网络文化成果认定过程中,还是以在主流媒体上发表的文章为主。当然,如果在自媒体上发表之后得到了多家主流媒体的转发,传播力和影响力不断扩大,也是可以认定的,但这种情况极少。坚持以主流媒体为主,主要是因为主流媒体的权威性和影响力一定是比大部分自媒体更强。况且,自媒体一般是比较负能量的东西,在自媒体上发正能量的东西可能不会引起人们的关注,不太可能有太多的人转发。另外,坚持以主流媒体为主的一个重要原因是我校强调网络文化成果的学术性和思想性,不是任何一个"10 万十"的网络文化成果都能等同于一篇一级或核心论文的。这带来的一个问题是网络文化成果的学术性、思想性有了,但传播属性占比偏低。

第二,劝退了潜在的"网文"创作者。众所周知,在《人民日报》《光明日报》《求是》等主流媒体上发表的理论性文章大多源自向知名学者的约稿。普通教师通常只能以自由投稿者的身份投稿,录用的概率极低,且充满了不确定性。在这种情况下,大部分学者会望而却步,《"网文"认定实施办法》真正受益的只有少部分知名学者。

受访的教师 L 对此指出:

> 对于大部分普通老师来说,网络文化成果认定实施办法肯定没有从本质上激发他们创作的意愿,因为觉得够不着[①]。哪怕跳一跳,恐怕也够不着。既然如此,那就干脆放弃。

受访的行政人员 A 对此就指出:

> 在实际的实施过程中,我们发现,那些符合我们优秀网络文化成果认定要求的教师一般都是在学术上已经很牛的知名教授,一般是已经有影响力、有很高学术造诣的教师才能在媒体上,比如说《人民日报》《光明日报》等发声。

第五节　研究结论与讨论

基于多重逻辑的分析框架,可以看出我国高校"网文"政策的执行困境体现在不同逻辑之间的失衡上。从国家的逻辑来看,政府部门间目标和利益的多重不统一,导致国家有关"网文"的政策不尽一致,甚至相互矛盾;从科层制的逻辑来看,管理者在权衡高校任务环境中的多重政策目标之后,发现推动"网文"纳入学术评价体系并不能带来收益最大化,因而形式上或有选择性地执行政策;从学术的逻辑来看,大学以崇尚科学、追求原创性成果为圭臬,这从根本上决定了"网文"无法在正式的教师评价制度中占据重要的位置,而学术界的各种非正式

[①] 作者注:指在"三报一刊"发文章。

制度也不鼓励高校教师创作"网文"。

　　本章只是基于单一的制度逻辑分析了高校教师"网文"创作意愿不强的原因，其实这三重制度逻辑是相互发生作用的。例如，国家逻辑导致"网文"政策的相互矛盾，不仅会影响高校管理者的行动选择（如选择性执行政策），而且也会影响高校教师的行动选择（如远离网络）。由于推动"网文"纳入学术评价体系尚处在初步的实践探索中，不同逻辑制度之间尚缺乏足够的反馈。假如国家在洞悉高校教师"网文"创作意愿不强这个事实后，采取了有针对性的改善举措，势必会带来高校管理者行动和教师行动的改革；假如学术界的一些传统观念得以改观，变得十分重视"网文"，这势必会改变国家的宏观政策与高校的政策。

　　从基于 Z 大学的案例研究可以看出，我国高校"网文"认定过程中的现实困境主要表现在四个方面（见图 5.2）。需要指出的是，这四个方面的作用并非完全独立的，而是相互影响的。例如：外部舆论环境不友好不仅会影响"网文"政策执行者的信心，也会影响到高校教师的"网文"创作意愿；同样，"网文"认定标准难以服众不仅会对教师的"网文"创作意愿产生影响，而且也会加大"网文"认定的实际操作难度。

　　针对这些困境，我们可以从两个方面做进一步的归纳与总结。第一，"网文"的认同问题。可以说，外部舆论环境不友好、高校教师"网文"创作意愿不强很大程度上是因为学术界内部和外部对"网文"仍不太认同。这个认同可具体划分为自我认同与他人认同。就自我认同而言，受根深蒂固的传统学术观念的影响，在许多高校教师心中，"网文"虽然具有一定的价值，但不足以跟传统的论文"平起平坐"，在学术评价中最多起到点缀的作用。这其实不难理解，毕竟论文与"网文"无论是在传播渠道、投稿审稿上，还是在创作范式、内容表征上，都呈现

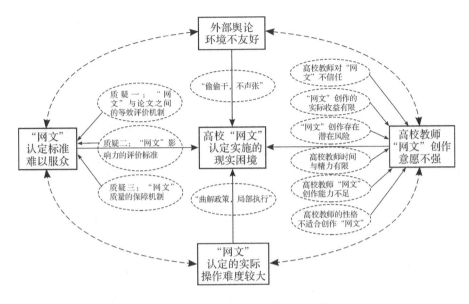

图 5.2　高校"网文"认定的现实困境

出天壤之别。尤其是自媒体上的作品,其质量更是良莠不齐,难免不让人存疑。国外学者布莱克·卡梅隆等人发表的一份针对美国和加拿大医学专业的调查报告表明:与在传统的学术期刊发表论文相比,仅有 23% 的系主任认为医学工作者在基于学术杂志的博客(通常有网上的外审专家)上发表文章,在晋升中具有重要或非常重要的作用;当被问到在个人博客上发表文章是否具有同等的价值时,这个数字低到几乎可以忽略不计的 2%。[①]

就他人认同而言,即便创作者个人思想很开放、很包容,强烈认同"网文"的价值,但不代表其他同行也是如此。在学术界,一个学者的声望主要来自同行的评价,而评价的核心指标为传统的论著。英国著名学者托尼·比彻(Tony Becher)等人对此就指出:"在大多数领域,

---

① Cameron C B, Nair V, Varma M, et al. Does academic blogging enhance promotion and tenure? A survey of US and Canadian medicine and pediatric department chairs[J]. JMIR Medical Education, 2016(1):1-7.

学者需要通过发表自己的研究成果来赢得学术声望。而在同一领域,优秀的教学工作则往往不能获得学术声望和被其他学者认同。"①优秀的教学工作的地位尚且如此,作为后来者的"网文"何德何能帮助学者赢得学术声望?这也解释了为什么绝大部分教师不敢把"网文"作为自己职称送审的代表作。总之,在学术界还没有普遍树立起对"网文"认同的前提下,自上而下推动"网文"纳入学术评价体系必然会遭到多数学者的质疑乃至抵制。

第二,"网文"的认定问题。这里可以细分为"网文"认定标准的制定问题和"网文"认定标准的实施问题。美国著名行政学专家格雷厄姆·艾利森(Graham Allison)曾指出,在实现政策目标的过程中,方案确定的功能只占10%,而其余的90%取决于有效的执行。② 在本书中,Z高校的《"网文"认定实施办法》之所以陷入困境,一个重要原因是从政策制定到政策执行都存在不少问题。对于高校教师而言,"网文"不同等级的评判标准与认定程序、"网文"与论文的等效机制无法令人信服;对于负责认定"网文"的行政人员,虽然有了一个认定标准,但这些标准还是比较模糊,不太具有操作性。为了保证"网文"质量、减少争议,高校只能在认定上做减法,把本应内容生动、形式多样的"网文"简化成以"三报一刊"为代表的报刊上发表的理论性文章。如此的做法不仅无形中打击了部分高校教师的"网文"创作积极性,而且极大地削弱了"网文"的社会传播力与社会影响力。那么,"网文"为什么会在认定标准的制定与实施中遭遇那么大的困境呢?

这里就要引入大学科研的非学术影响力(即社会影响力)这个概念了。在学术界,对于一个学者的科研评价通常基于其论著的数量、

① 比彻,特罗勒尔.学术部落及其领地——知识探索与学科文化[M].唐跃勤,蒲茂华,陈洪捷,译.北京:北京大学出版社,2015:90.

② 陈振明.政策科学——公共政策分析导论[M].2版.北京:中国人民大学出版社,2003:5.

杂志影响因子、他引次数、重要奖项等。这种评价方式衡量的往往是一个学者的学术影响力。但是,自 20 世纪 80 年代起,随着知识生产模式的变革,大学科研的非学术影响力及其评估日益受到政府的重视。所谓大学科研的非学术影响力,是指科研成果对学术共同体以外的更广泛的社会、经济、文化、公共政策、环境以及公众生活所产生的实质性影响。[①] 显然,"网文"反映的是一个学者的社会影响力。换言之,我国高校目前建立起的"网文"与论文之间的等效评价机制,实质是尝试在学术影响力与社会影响力之间进行等效互换。但是,这两个概念根本没有通约性,而是一枚硬币的两面。只是在以前,我们只关注硬币的正面(学术影响力),现在我们开始逐渐关注硬币的反面(社会影响力)。

第六节　小　结

在国家自上而下的推动下,不少高校已把"网文"纳入学术评价体系。然而,高校教师的"网文"创作意愿并没有被激发。基于多重逻辑的分析框架,可以发现,高校教师的"网文"创作行为受到三重制度逻辑的制约:国家的逻辑、科层制的逻辑以及学术的逻辑。国家的逻辑致使"网文"政策不尽一致,甚至相互矛盾;科层制的逻辑驱使高校管理者有选择性地执行"网文"政策;学术的逻辑决定"网文"无法在教师评价制度中占据重要的位置。通过案例分析可以发现,"网文"认定政策在执行过程中碰到了许多意想不到的阻碍与挑战,包括外部舆论环境不友好、认定标准难以服众、教师创作意愿不强,以及"网文"认定的

---

① 刘爱生.大学科研非学术影响评估:澳大利亚的探索与反思[J].世界高等教育,2021(1):16-29.

实际操作难度极大。这些问题可归结为"网文"的认同和认定问题。认同问题源自学术界的思想观念尚未及时转变，仍持一种传统的学术观；认定问题源于学术影响力（传统的科研出版物）与社会影响力（网络文化成果）之间难以等效评价。

第六章 "网文"纳入学术评价体系的优化策略

通过前面几章的探讨,可以看出,"网文"纳入学术评价体系,无论是对于高校教师多方面的才能发挥、学术研究的深化,还是对于提升大学的社会声誉,都具有重要的价值。但是,在具体的认定过程中,受制于各种内部与外部因素,"网文"的价值并没有得到彰显,以至于执行效果不彰,教师创作意愿不强。如何优化"网文"纳入学术评价体系的实施路径、提升高校教师"网文"创作意愿,就成了我们必须面对的一个现实问题。

第一节 我国高校"网文"政策制定的路径优化

一、做好"网文"纳入学术评价体系的前提工作

（一）阐明"网文"的内涵与价值

对于已经习惯了传统学术论文与专著的高校教师而言,不是每一个人都能恰到好处地把握"网文"的内涵,更不用说理解"网文"的价

值。毕竟,"网文"是"互联网+"大背景下的一种新兴的产物,大部分高校教师对它的认识和理解水平还是有待提高的。因而,首先,高校需要向教师阐明:究竟什么是"网文"? 它与传统的论著有哪些差别? 其次,高校要向教师阐释:"网文"有什么价值? 为何需要重视"网文"的创作? 最后,高校要向教师阐明:为何要把"网文"作为一种合法的学术成果纳入学术评价体系之中? 这样做的主要目的是什么?

为了让教师加深对"网文"内涵与价值的理解,高校不能简单地把"网文"的功能锁定在诸如"引导网络舆情""发挥网络文化育人功能""弘扬主旋律,发挥正能量"上,还应该有一种更高的站位,即把教师的"网文"创作行为与高校的核心使命联系起来。因为高校教师为公众创作"网文",从宏观层面上讲,既是专业知识民主化的内在逻辑,又是社会公众要求教师参与公共生活的现实需要;从中观层面上讲,既是衔接高校与政府和公众的桥梁,又是高校赢得公众和政府信任的有效手段;从微观层面上讲,是高校教师作为公共知识分子一员应该承担的社会责任。例如,美国孟菲斯大学(University of Memphis)教师手册关于参与型学术("网文"即属于一种典型的参与型学术)的介绍,就这样解释道:"参与型学术作为一种应用的学术,是高校主动向社区和社会提供公共服务或推广服务(outreach)的体现,重点是运用专业知识解决社会面临的各种紧迫的问题。推广服务主要涉及专业知识的分享,且这种服务应能够直接支持大学的目标和使命。"①

为了让广大高校教师理解"网文"的价值与内涵,适当的教育与宣传是必不可少的。例如,学校可以邀请相关学者就"网文"相关的议题开展讲座,或者邀请具有丰富"网文"创作经验的教师畅谈创作的心路历程。总之,在高校制定"网文"认定实施办法之前,高层领导应使高

---

① O'Meara K A, Eatman T, Saul Peterson S. Advancing engaged scholarship in promotion and tenure: A roadmap and call for reform[J]. Liberal Education 2015(3): 4-8.

校教师充分理解"网文"创作的价值,否则相关政策的执行极易失去教师基础,进而使得政策执行的效果大打折扣。

(二)培育一种包容和支持"网文"的学术文化

当前,在同行评议杂志上发表学术论文或在著名的出版机构发行专著仍然是科研评价的核心方式。相对而言,"网文"处于一种可有可无的地位,并没有受到高层领导和高校教师足够的重视。这种情况受到以下几方面因素的影响:第一,不少高校的高层行政人员对"网文"充满了不信任。例如,加州大学伯克利分校高等教育研究中心在2010年发布的报告《评估学术交流的未来趋势:七个学科教师的价值与需求探讨》中,就直言不讳地对年轻学者告诫道:"对于所有学科领域尚未获得终身教职的学者,(我们)给出的意见是相当一致的,即专注于在正确的渠道发表学术成果[①]避免在以下地方花太多的时间:公共参与,委员会工作,撰写专栏文章,建立网站、博客,以及其他非传统形式的电子传播(包括课件)。"[②]第二,无论是在大学排名中,还是在学科评估中,都不见"网文"的身影。鼓励高校教师创作"网文"不仅无助于提升大学或学科排名,反而可能会减少论文的产出,进而损害大学的排名。第三,不少高校教师在思想观念上不太认可"网文"。许多高校教师习惯了传统的研究范式,对于在报刊或社交媒体上发表作品,往往持一种鄙视的态度,认为是"不务正业""搞激进主义活动""谈感想",并不是从事"严肃的研究"。受此观念的影响,一些高校教师甚至不敢把"网文"写进个人的学术履历之中。在不少教师看来,"网文"创作是意见领袖的业务范畴、公共媒体人的核心工作,高校教师不应卷入其

---

① 作者注:主要指论文和专著。

② Harley D, Acord S K, Earl-Novell S, et al. Assessing the future landscape of scholarly communication: An exploration of faculty values and needs in seven disciplines[R]. Los Angelos: University of California, 2010:10.

中。相反，一个理性的高校教师应与公共媒体保持适当的距离。①

　　显然，要改变行政人员和高校教师对"网文"的态度和观念，就需要破除原有的学术观念与文化，培育一种包容、认同和支持"网文"的学术文化。当然，学术文化与观念的改变是极其缓慢的，并非一朝一夕就能实现的。除了上文提到的加大教育与宣传力度之外，高校还可以利用"破五唯"的契机，提升"网文"在学术评价体系中的分量。这背后，大学高层管理者的领导力发挥着举足轻重的作用。如果大学校长和党委书记高度肯定"网文"的价值，并积极支持高校教师创作"网文"，将有力地促进高校教师重新认识"网文"的价值，进而为"网文"纳入教师评价体系扫除思想上的障碍。

二、厘清"网文"纳入学术评价体系的主要原则

（一）平衡论文与"网文"的权重

　　在高校教师的评价体系中，应根据教师职业生涯发展的不同阶段，适度平衡学术论文与"网文"的权重。在高校教师的晋升阶段（由讲师/助理研究员晋升为副教授/副研究员，或由副教授晋升为教授/研究员），可以坚持传统的以学术论文为主、"网文"为辅的原则。在一个教师的晋升评价材料中，如果全部是"网文"，则是不可取的（即便是针对后文提到的公共媒体型教师的考核，我们也不赞成全部看"网文"）。毕竟，高校教师在研究生阶段都受到严谨的学术训练。他首先应是一名合格的研究者，具备开展基础研究、探讨严肃的问题并将研究结论公诸于世的能力。况且，高校教师的研究成果是创作"网文"的基石。"网文"如果缺乏学术根基，分析问题时就很有可能流于表面，

---

　　① 刘爱生.国外学术评价体系中的"网文"：兴起、行动与挑战[J].清华大学教育研究,2018(5):90-98,115.

难以兼顾深刻性和思想性,更遑论产生积极的社会影响力。可以这么认为,"网文"与论文看似是两个"物种",但实质是一种表与里的关系。

而在高校教师获得终身教职之后,年度考核或评优评奖可以更加灵活多样,不再拘泥于传统的以论文为主的评价方式。如果有教师厌倦了学术论文写作,想换一种展现自我价值的方式,且对创作"网文"充满热情,那么对其考核完全可以只看"网文",并根据一定的评价标准赋予不同权重,而不一定非得强制他出版专著和发表学术论文。鉴于"网文"巨大的社会影响力,学校完全可以大力鼓励已经获得终身教职的教师积极创作"网文"。诚如前文所言,学术界真的不需要那么多八股式的重复的、低水平的、思想平庸的论文。相对而言,通俗易懂且能让社会公众获益的优秀"网文",却显得格外稀少。

(二)坚持高质量的评价标准

无论是传统的学术出版物,还是形式丰富多样的"网文",尽管知识的表征方式不尽相同,但既然都在学术成果这一概念的连续体中,那么对"网文"评价应坚持相同的标准,即以质量作为准绳。因而,同传统的学术论文一样,不管哪种形式的"网文",不论是以文字的形式呈现,还是以音频视频的方式呈现,都首先要确保思想观点的准确性、深刻性和启迪性。

当然,这里的准确性和深刻性并不是说"网文"要跟传统的学术论文的写作范式一样,而是强调"网文"不是作者的"谈感想"。"网文"的创作需要建立在学术论文的基石之上,具有严谨、思想的一面,只是其受众是普通公众,其表达方式不同而已。同时,作为一种合法的学术成果,它应该是"一种有价值的学术、负责任的学术"[①]。换言之,我们

---

① American Sociological Association,What counts? Evaluating public communication in tenure and promotion[R]. Washington DC:ASA Subcommittee on the Ealuation of Social Media and Public Communication in Sociology,2016:10.

不能简单地根据"网文"的点击量来判断它是不是一件优秀的作品。现实中无数个案例告诉我们，一些"网文"虽然流传度很高、影响力很大，但经不起仔细推敲，在观点和事实上站不住脚，极易产生负面作用。

（三）注意学科界限

在推动"网文"纳入学术评价体系的过程中，应注意不同学科之间的界限。在本书中，我们持这样一种观点：高校教师的"网文"创作应基于自身所在的学科。当然，随着近年来跨学科的兴起，一些跨学科的"网文"也算数。在评价时，高校教师最好不要把自己创作的所有"网文"都填入个人的评价档案之中。例如，一个研究地理学的教师可以创作有关地理知识的科普作品或影音作品，也可以基于个人的专业见解分析如何修改和完善中小学有关地理的课程设置，但如果他去谈论与其专业无关的社会问题或经济问题，哪怕其论断有价值，也最好不要纳入教师评价体系。因为评价时涉及学科归属的现实问题。试问：这名教师应该在哪个院系评职称？他的晋升材料应该由谁来评议？显然，如果缺乏一个合适的学科界限，"网文"的评价工作将会变得极其棘手。

此外，背后还有一个不容忽视的考量：在大概率上，一个高校教师对其非本专业问题思考的深入程度，往往难以与在此领域钻研多年的学者相提并论，正所谓"隔行如隔山"。对此，美国著名法学家理查德·波斯纳（Richard Posner）指出，在一个专业化时代，高校教师极有可能既智慧超人同时又愚不可及。伟大的数学家、物理学家、艺术家或历史学家，也许对政治学或经济学问题一无所知。爱因斯坦的经济学和政治学作品便是一项绝佳的例证。爱因斯坦在《为什么是社会主义？》（"Why socialism?"）一文中，畅谈了他对马克思主义的各种见解。然而，人们对该文的评价是："质量极为低下，按说应该有助于矫正自然科学家,尤其是物理学家职业性的自大和傲慢,他们针对社会问题,自以为是、蜻蜓点水、以'唯我独尊'之心态高谈阔论。而非常不幸的是,这些读过爱因斯坦论文的自然科学家更倾向于为作者在自身领域的卓越和权威所误导,而不会细致地考察该文的不足之处。"①总之,为了避免不必要的麻烦和降低工作的难度,在评价高校教师创作的"网文"时,应确立起基本的学科界限。

(四)恪守网络伦理

在数字化时代,网络诚信是各网络主体的立命之本。然而,由于信息技术的数字化、虚拟化和开放性等特点,网络诚信的丧失成为社会诚信问题的一个重灾区。例如,当前一些个人和组织为了追求"10万＋"的点击量(流量背后潜藏着巨大的经济利益),利用各种流量推广软件和群控推广软件,制造虚假流量,甚至误导舆论风向。诸如此类的做法严重影响了互联网的健康与可持续发展,非常不利于建立一个清朗、安全、公平和公正的网络空间环境,以至于有学者大声疾呼:网络诚信建设刻不容缓。②

这一社会现象对于高校的启示:网络空间虽然是无边的、虚拟的,但并不是法外之地,高校教师在"网文"创作过程中需严格遵守网络伦理与诚信。除了坚守传统的学术规范外(如不伪造篡改、不抄袭剽窃等),高校教师还要努力营造诚实守信的网络生态,自觉抵制网络上各种不良风气。例如,高校教师在创作"网文"的过程中,不能为了获得点击量制造"标题党"文章,甚至传递一些错误的信息。浙江大学新规中所指出的——"优秀网络文化成果要以社会主义核心价值观为导向,运用正确思想文化对各种社会舆论和价值观念进行引导,用优秀

① 波斯纳.公共知识分子——衰落之研究[M].徐昕,译.北京:中国政法大学出版社,2002,62.
② 孙伟平.网络诚信建设刻不容缓[N].人民日报,2019-07-12(9).

的文化内容引导人、陶冶人、激励人,努力营造适合于师生发展的网络文化环境",从这个角度上讲还是很有道理且有必要的。总之,高校教师在"网文"创作过程中,除了坚持高质量的评价标准外,还要恪守基本的网络诚信与伦理。对于那些没有遵守这一原则的教师(可以通过技术手段监控),学术委员会在教师晋升或评优评奖中完全可以一票否决。

三、明确"网文"纳入学术评价体系的执行要领

(一)确定"网文"的类型

从 2015 年中共中央、国务院初步提出"探索建立优秀网络文章在科研成果统计、职务职称评聘方面的认定机制",再到 2020 年教育部等八部门提出"推动将优秀网络文化成果纳入科研成果评价统计",可以发现,政府高层有关"网文"的称谓其实是发生了变化的。前者是"网络文章",后者是"网络文化成果",二者显然并不是一回事,后者的内涵与外延明显要大。那么究竟什么是网络文化成果?

一些高校在颁发的"网文"认定与实施办法中对此做了界定。例如,浙江大学对"网文"的解释如下:"在报刊、电视、互联网上刊发或播报的,具有广泛网络传播的优秀原创文章、影音、动漫等作品。"表面上看,"网文"的内涵是比较明了的,但一旦落实到具体的评价过程中,事情就远非如此简单。如前所述,高校教师创作"网文"是一种公共参与活动。公共参与的一个显著的特征是:横跨了大学的教学、科研与服务三大功能,很难笼统地把其归为某一功能的范畴(参见图 6.1)。例如:高校教师在报刊上发表的原创性文章,可归类为科研;高校教师在电视上的公共传播(如参加中央电视台的《百家讲坛》),可归类为教学;高校教师接受媒体采访,提供专家见解(如新冠肺炎疫情的预防),

可归类为服务。因此,在对高校教师的"网文"进行评价时,一个前提
条件是合理地对不同种类的"网文"进行分类。

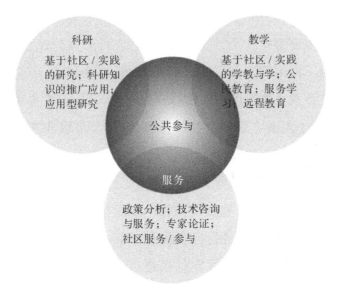

图 6.1　高等教育的公共参与

参考资料:Loyola University New Orleans. Community engaged learning, teaching
and scholarship[EB/OL]. (2018-02-11)[2021-05-11]. http://www. loyno. edu/engage/
community-based-research-and-scholarly-proj-ects.

在具体的实践中,我们接触到的"网文"更多的是原创性的文字类
成果。实际上,在浙江大学制定的"网文"认定实施办法中,主要探讨
的即是文字类成果,而对音频、视频、漫画类成果则明显欠缺考虑。这
既可以说是一个明显的疏漏,也可以说是为了降低"网文"评价的难
度。显然,对于如何评价音频、视频或者漫画类的"网文",目前并没有
一个明确的标准。更为困难的是,在这些类型的"网文"与传统的论文
之间建立等效原则。对此,我们将在后文做进一步的探讨。

单纯就文字类的"网文",这里可以初步划分为两种类型:一是学
术性较强的,但同时具有广泛传播特征的文章。这一类型的成果与传

统的学术论文并无本质差异，只不过其传播媒介并非纸质的学术期刊或图书，而是互联网。它有几个优点：(1)开放获取，任何人只要可以上网就可免费获得；(2)发表周期较短，不需要长时间等待(传统论文的刊发往往需要等待 3 个月至 3 年不等的时间)；(3)民主平等，与学术权威意见不同的观点往往也能得到发表，小众化的、不受学术主流关注的研究成果也能借助网络传播；(4)容量无限，不像传统的学术期刊，往往受制于版面容量；(5)互动性强，创作者可以非常方便地与世界各地的读者进行交流和互动。

二是面向普通公众的写作。其目的是强化高校(教师)与社会的互动，以彰显知识生产的社会功用性。显然，面向公众的写作丰富多彩，每一门学科都应根据自身特点做进一步的细分。这里以前文提到的 2016 年美国社会学协会发布的报告《什么算数？ 评价终身教职与晋升中的大众传播》为例做说明。该报告指出，社会学领域的公共传播(实质为"网文")主要包括五种类型：(1)原创性研究的公共传播，但需要指出的是，传播其他人的研究成果同样有价值，关键是要保证研究成果呈现与运用的准确性；(2)对社会学某一特定领域文献的综合/评论；(3)深度的、解释性的报道；(4)对于某一社会现象的理论性解读；(5)社会学研究成果在法律、实践、政策制定的运用。[①]

(二)确定"网文"质量的评价标准

在学术评价体系中，"网文"质量的评价标准是一个关键问题。结合国内外的实践来看，可以着重考虑以下几点。

第一，"网文"的传播媒介。浙江大学"网文"认定实施办法中指出的《光明日报》《人民日报》《求是》以及其他中央级报刊、电视新闻媒体

---

① American Sociological Association. What Dounts? Evaluating public communication in tenure and promotion[R]. Washington：ASA Subcommittee on the Ealuation of Social Media and Public Communication in Sociology，2016：12.

（含"两微一端"）、其他主流媒体及其网站刊发和传播的文章，自然可以作为"网文"质量的评价标准，因为这些媒体享有广泛的社会影响力、极高的社会声誉。但是，我们不能因此而排斥一些新闻媒体、地方性报纸以及非主流网站上刊发的优秀网络作品。相对于国家级别的媒体，这些地方性媒体的影响通常较小，但刊发在上面的优秀作品经过网络广泛传播后，同样有可能对公众的思想观念或国家（地方政府）的政策制定产生实质性影响。此外，在自媒体兴起的语境下，高校教师发表在个人微博、博客、公众号以及各大论坛中的"网文"如果对社会公众产生了正面的影响，同样应纳入学术评价体系。实际上，一些高校教师由于其制作的精良内容，已经获取了数百万的微博粉丝关注，其社会影响力不容小觑。

第二，"网文"的社会影响力。"网文"究竟产生了哪些社会影响，有多大的影响，通常难以测量，只能借助一些间接指标来佐证。一是"网文"的阅读量和转载量。通常来说，一篇作品的阅读量越多，被不同网站转载的次数越多，说明关注者越多，其产生的社会影响力往往越大。当然，一些故意为夺人眼球而炮制的似是而非的、错漏百出的"网文"应坚决排除在评价体系之外。二是工会领袖、政策制定者、社区群体或社会公众的证词。如果这些不同群体在不同场合谈到某"网文"对其生活或工作产生直接的影响，那么就可以作为衡量该"网文"社会影响力的一个重要指标。三是高校教师自己举例说明其创作的"网文"促进了实践变革、政策改变或引起全民的大讨论。一般来说，任何一项社会改革是多种因素造成的，很难直接窥探出是不是某个学者"网文"的功劳。在缺乏相关方的证词下，就需要高校教师亲自解释他的"网文"是如何影响政策制定与社会实践的。例如：高校教师指出其一篇颇具前瞻性的专栏文章经过不同媒体传播后，对社会政策制定所产生的连锁效应；或者，可以追踪其一篇关于政策批判的"网文"是如何影响后来的政策变革的。

第三,"网文"给高校及其教师带来的美誉度。推动"网文"纳入学术评价体系是高校承担社会责任、投身公共事务的体现,因此评价"网文"质量的标准还应包括:高校教师创作的"网文"有没有提升高校的形象与声誉? 有没有彰显高校及其院系的愿景和使命? 有没有促进公共利益的实现? 此外,鉴于"网文"创作意味着高校教师直面社会公众,因此在评价过程中还应考虑:"网文"创作有没有给高校教师带来地方性的、全国性的乃至全球的声誉? 例如,教师有没有因其创作的"网文"吸引某些团体或媒体的关注,而应邀参会、讲学或接受媒体访谈。显然,要实现以上目标,意味着高校教师的"网文"创作是长期的、持续的。很难想象,一所高校会仅仅因为某教师创作的一篇"网文"而带来形象和声誉的提升,一个教师会仅仅因为其创作的某一篇"网文"而赢得全球乃至全国性的声誉。正是在此意义上,2017 年,美国人类学协会发布的报告《美国人类学协会终身教职与晋升评议指南:人类学中大众传播学术》指出,高校在评估新形式的写作、传播和出版物时,应坚持定性评价与定量评价相结合的原则。该报告指出,关于文字类的公共传播,不同职位晋升时所需要的文字数量是不同的。在评价教师时,学校应设置一个最低的要求。例如,讲师/助理研究员晋升为副教授/副研究员的最低要求为 2.5 万字,副教授/副研究员晋升为教授/研究员为 5 万字。①

(三)确定"网文"的评价主体

"网文"既然是一种学术成果,那么其认定就应该由学校、院系学术委员会具体负责。因而,浙江大学新规所规定的由党委宣传部牵头

---

① American Anthropological Association. Guidelines for tenure and promotion review: Communicating public scholarship in anthropology [R]. Washington: American Anthropological Association,2017:6.

组织专家委员会评定"网文",就显得有点不太妥当了。一种行之有效的办法是在学校(院系)学术委员会下,设立一个专门的工作组或委员会,全权负责"网文"评定等相关事宜。鉴于"网文"是一种新兴的事物,专门工作组或委员会成员中应包含若干名有"网文"创作经验的高校教师代表。具备"网文"创作经验的教师可以通过"现身说法",在"网文"质量的评判过程中发挥更大作用。

　　具体到外部评价上,就需要突破单一的同行评议方法,将"网文"潜在的获益者纳入到评价主体范围之中,以在"评价主体上实现同行与外行、学术与社会的兼容"①。一方面,"网文"作为一种学术成果,是基于专业知识的再普及、再创造,它仍然要求呈现出一定的学术性、思想性乃至创新性,同行评议(尤其是具有"网文"创作经验的同行)仍是外部评价的基本原则。但另一方面,由于"网文"强调社会影响力,且在形式上与传统的学术论文有着巨大差异,因此十分有必要打破同行评议的限制和扩大评议的主体。这是因为:同行评议最有可能挑选出那些理论上有所创新的科研成果,但对于哪些成果具有很强的社会实用性可能会缺乏一定的敏感性;"网文"的主要受众是普通公众,高校教师创作的"网文"有没有让他们受益,他们作为"阅听人"最具发言权。对此,德鲁大学(Drew University)校长罗伯特・威斯布(Robert Weisbuch)就指出:"公共学术②的外部评议者,应综合相关领域的专家学者和世界上关心这些议题的公众……以及会阅读这些作品的杰出的陌生人(distinguished stranger)。这些人可能来自博物馆、剧院、中小学,也有可能来自社区等。"③

---

　　①　刘小强,蒋喜锋.知识转型、"双一流"建设与高校科研评价改革——从近年来高校网络科研成果认定说起[J].中国高教研究,2019(6):59-64.

　　②　作者注:"网文"即为一种重要的公共学术。

　　③　Ellison J, Eatman T K. Scholarship in public: Knowledge creation and tenure policy in the engaged university[R]. Davis: Imagining America, 2008:14.

第二节　我国高校"网文"政策执行的路径优化

根据以往的研究,在实现某项政策目标的过程中,制定方案只占了 10％的效能,而有效的政策执行占了 90％。[①] 换言之,政策目标的达成,除了一个好的计划或方案之外,更重要的在于如何有效执行。同样,如果想要增强高校教师创作"网文"的意愿,仅仅制定"网文"认定实施办法是远远不够的,更多的工作应体现在"网文"政策执行过程中。

一、消除高校教师"网文"创作的风险

当前,高校教师因不当言论引发的舆论风波接二连三,一些教师因而受到批评、警告甚至开除。这些惩处虽然有效制止了不当言论,但客观上也造成了寒蝉效应。由于"网文"创作本质是一种在网络上发表言论的行为,因而"网文"内在地具有危险的因子。显然,当前的环境不利于高校教师创作"网文"。一些高校教师势必会因担心"网文"给自己惹来不必要的麻烦,停止"网文"创作,甚至远离网络。为了鼓励更多的高校教师创作"网文",就必须解决他们的后顾之忧。

第一,自觉维护学术自由,正确区分政治与学术。在社交媒体时代,学术自由面临的挑战更为艰巨。高校教师在网络上发表的言论究竟是属于学术争论还是不当言论,往往争执不休。在保守的环境下,高校教师的不当言论事件很容易会威胁其职业安全。为了保障教师的职业安全和消除社会媒体的不良影响,高校需要站在一个更高的角

---

① 陈振明.政策科学——公共政策分析导论[M].北京:中国人民大学出版社,2003:5.

度维护和审视学术自由。诚如"央视网评"在电子科技大学副教授郑文锋的"不当言论"事件中发表的《正确区分学术与政治 勿让教师噤若寒蝉》一文所指:应该正确区分学术问题和政治问题,使之成为处理高校老师"不当言论"的黄金标准,成为衡量是非对错的天平,既要做政治上的明白人,也要保证"百花齐放,百家争鸣"的学术氛围。[①]

第二,借鉴美国高校的经验,制定社交媒体政策。目前,我国高校日益强调依法治校,"构建系统完备的学校规章制度体系"[②]。在此背景下,我国高校可以制定既符合我国法律法规,又体现学术规律的网络言论规制政策。政策的内容除了规定高校教师使用社交媒体的内涵与外延、使用社交媒体的一般原则、以个人身份和以学校教职工身份发布内容的准则,以及违反政策将会受到哪些惩处之外,还应尤其注意对大学声誉和形象的保护。这是因为我们目前在处理教师"不当言论"案时,往往更多考虑到政治因素,而较少考虑到大学的品牌管理。目前,我国高校之间的竞争也日趋激烈,对于师资、生源和捐赠的竞争今非昔比,高校需要重视形象与品牌管理。我国高校制定的社交媒体政策应能够解决教师网络发表的后顾之忧,让广大教师在明晰的法律框架内,积极主动地投入到网络文化产品的创作中去,从而更好地传播主旋律,弘扬正能量,守护好网络精神家园。

第三,未雨绸缪,主动化解潜在的社会威胁。当今社会充满了各种价值观的碰撞,一些公众甚至持有极端的思想,是典型的激进主义分子。高校教师的思想观点或研究发现无论多么公允、多么客观,都有可能遭到某些团体的反对、抨击,甚至是人身攻击。在此过程中,高

---

① 央视网评.正确区分学术与政治 勿让教师噤若寒蝉[EB/OL].(2019-08-24)[2022-04-21].https://www.acacon.cn/acainfo/acanews/cctvcommentof4inventionbyzheng.html.

② 教育部.教育部关于进一步加强高等学校法治工作的意见[EB/OL].(2020-07-15)[2021-10-03].http://www.gov.cn/zhengce/zhengceku/2020-07/28/content_5530645.htm.

校教师除了自身加强防范外(如寻求法律援助、报警等),校方的人力与物力支持将有力地化解教师面临的各种威胁,或减轻因威胁带来的身心创伤。例如,科罗拉多大学教授艾比·费伯在仔细研究了曾经受到各种攻击的高校教师后,对于校方如何保护教师的人身安全提出了12条建议,包括:事先制定好预防高校教师受到威胁后的应对方案;要主动应对,而不是被动应对。人身安全优先。公开谴责攻击行为。对受到人身攻击后的教师该做什么,提供资源与信息。询问教师需要什么,给受到攻击的教师提供心理服务等。①

二、提供"网文"创作技巧与能力的培训

人们常常简单地以为,高校教师轻而易举地就可把其思想与发现介绍给公众。当然,不排除有一些学者在此方面具有一定的天赋,但事实是:大多数高校教师很难做到有效传播。一方面,长期的学术训练使高校教师形成了一种无法离开专业术语、符号公式的写作风格。另一方面,人文和科学思想通常是深奥的、复杂的,有时候很难三言两语就让公众明白,更不是简单地使用一些更容易理解的词语代替专业术语就能实现。结果可想而知,许多高校教师一旦离开了符号公式、专业术语、数学模型等,往往不知道如何向公众传递其思想观点和研究结果。在此双重背景下,高校教师为公众创作"网文"的兴趣自然会被降低。

鉴于此,高校应对其教师进行"网文"创作技巧与能力方面的培训。第一,学校可以专门成立"网文"创作培训与训练班,并由学校某个部门(例如宣传部)全权负责。训练班的授课导师由具有丰富"网文"创作经验的教师担任,或者聘请在社交媒体上具有一定知名度的

---

① Ferber A L. Faculty under attack[J]. Humboldt Journal of Social Relations, 2017(39):37-42.

创作达人来担任。由于"网文"的形式包括文字、影音、动漫等,因而这个训练班还可以分成不同小组。每周或每半个月举行一次集中培训,对象为对"网文"创作感兴趣的教师或学生。

第二,除了这种制度化的训练与培训外,学校还可以邀请校内外研究"网文"的专家学者来开展讲座。讲座的内容可以围绕"网文"创作与技巧而展开,还可以包括"网文"纳入学术评价体系的价值、意义,以及未来发展趋势。此外,学校还可以邀请校内外知名的"网文"创作者讲述其创作的心路历程。其目的是除了让对"网文"感兴趣的高校教师获得"网文"创作的技能,还可以使高校教师通过聆听他人的经验与教训,坚定以后创作"网文"的决心,同时避免在创作过程中走弯路。

三、强化大学中高层领导的信任与支持

"网文"认定的相关政策虽然是由高校管理部门制定,但诚如前文所言,很大程度上只是执行上级的政策而已,并不表示学校中高层领导会发自内心地给予支持。背后存在三个主要原因:第一,"网文"质量得不到保障,同不少高校教师一样,行政人员对"网文"的质量充满疑虑;第二,"网文"对于高校行政人员而言,同样是一个新鲜事物,也需要一个认识和熟知的过程;第三,在大学的排名与评估体系中,"网文"并不起到多少作用。在绩效管理主义下,高校领导者自然对"网文"谈不上用心。

显然,如果大学中高层领导对于"网文"都没有足够的信心,无法充分理解"网文"的价值与意义,势必会影响整个学校对待"网文"的态度。从这个角度而言,高校行政人员首先要转变观念,充分理解"网文"在数字时代的地位与作用。只有高校领导者充分认识到"网文"的重要性,才能切实推动"网文"纳入评价体系这一工作。毕竟,我国高校的行政色彩还是比较浓厚的,高校领导者具有很大的

权威。这意味着高校领导者也要接受有关"网文"的教育与培训。

此外，本书已经揭示，重要他人支持对高校教师"网文"创作意愿具有重要影响。它不仅直接作用于创作意愿，而且还通过自我效能感、兴趣与责任的中介作用，对教师的创作意愿形成正向影响。这给予我们的启示是：如果要强化高校教师创作"网文"的意愿，就需要加强重要他人的支持。因为任何一种社会行为并不是在一种孤立的状态下做出的，而是受到个体所嵌入的群体与社会关系网络等社会情境的影响。大量的研究表明，重要他人对于个体的态度、价值、自我观念的形成以及行为决定等很多方面具有重要影响。在本书中，大学中高层领导无疑是重要他人。显然，中高层领导的支持，尤其是院长、系主任的支持，对于加强高校教师的创作意愿将发挥重要的作用。其中，如果部分中高层领导亲自参与"网文"创作，发挥模范带头作用，无疑是一种最大力度的支持。

四、提升高校教师的公共责任意识

在绩效管理主义下，大部分高校教师都沉浸于论文写作之中。个中缘由不难理解，毕竟年度考核、职称晋升、课题结项、评优评奖等都建立在学术论文之上。高校教师虽然身居象牙塔内，但始终不应忘记自己是一名公共知识分子，肩负着社会责任。实际上，国内外学术界许多极富名望的学者，如冯友兰、梁漱溟、约翰·杜威、马克斯·韦伯、布迪厄等人，其活动轨迹绝不限于书斋，还包括田间地头和城市街道。这正是知识生产的最终目的，即提升普通公众的智识水平、解决各种紧迫的社会问题。数字时代的来临，更加方便学者走出书斋，同时也更加需要专家的智识。因为网络上到处充斥着一些所谓的"网红"炮制的各种夺人眼球，但夹杂着偏见与无知，甚至是欺骗性的内容。这些内容极易混淆公众视听，扰乱网络生态与秩序。相对而言，高校教师受过系统的学术训练,在描述科学发现和分析社会现象时,往往能提供一种更为准确、客观和全面的解读。华东师范大学许纪霖教授就指出,大学教师作为公共知识分子,有一个特殊的优势,即可以从专业的角度深入地、内行地为公众分析社会问题症结的所在,以及社会应该采取什么样的价值立场。[①]

现实情况是,即便国家自上而下地推动"网文"纳入学术评价体系,我国高校教师"网文"创作意愿还是不太强烈。这一定程度上说明我国高校教师缺乏一定的自觉意识和反省意识。虽然各种外在的评价机制严重束缚了高校教师,但在多数情况下,尤其是那些功成名就的教师,基本上还是自主的,完全可以花一部分心思在"网文"创作上。换言之,愿不愿意创作"网文",基本上还是掌控在教师的手中。即便"网文"不纳入学术评价体系,真正有社会责任感的教师还是会主动去创作的。

总之,在自觉与自为上,我们是落后于西方高校教师的。在我国,把"网文"纳入学术评价体系主要是国家自上而下推动的,而不是高校教师的自主自觉行为;相对而言,在西方国家,"网文"纳入学术评价主要是学术界自下而上的倡议。当前,不仅有学者、协会组织大声呼吁大学教师创作"网文",而且相关的著作越来越多。这里仅列出两本代表性专著作为参考。

瑞典隆德大学(Lund University)工商管理系麦茨·艾尔维森(Mats Alvesson)教授于 2017 年出版了著作《回归意义:社会科学要言之有物》(*Return to Meaning：A Social Science with Something to Say*)。其指出,社会科学研究通常面向一小群内部同行,目的是在有声望的杂志上发表文章,而不管文章对这个社会有没有意义或价值。

---

① 许纪霖.公共性与公共知识分子[M].南京:江苏人民出版社,2003:62.

作者从不同层面对如何恢复社会科学研究的意义提出了一些建议。在个人的层面上，作者主张大学教师的学术身份应该是多样化的，发表论文只是学者身份的一个面向而已。富有深度和广度的思考、阅读、书评、专栏文章和博客也应当是学者的职责。[①]

美国罗格斯大学社会学教授阿琳·施泰因等人 2017 年合作出版了著作《走向公众：社会科学工作者指南》(*Going Public: A Guide for Social Scientists*)。其指出，为了获得杂志和同行的认可，学者们自从研究生开始，就接受严格的学术训练，沉浸于理论与方法的创新。这带来一个问题：学者们不断远离社会公众，忽视研究的社会适切性。当接受过良好学术训练和具备专业知识的教师远离紧迫议题的公共争辩，如气候变化、性别不平等、儿童养育等，那么这些讨论势必将由企业、富商、名人等主导，但他们可能会以不太明智的方式误导民意。在此情况下，作者呼吁大学教师通过各种工具把科研成果传播给学术圈外的公众。这些工具包括数据的可视化、图表、照片、视频、博客，甚至是表演。[②]

第三节　我国高校设立公共媒体型教师岗的探索

一、何为公共媒体型教师

公共媒体型教师是指这样一种特殊类型的高校教师岗位：在绩效

---

① Alvesson M. Return to Meaning: A Social Science with Something to Say[M]. New York: Oxford University Press, 2017.

② Stein A, Daniels J. Going Public: A Guide for Social Scientists[M]. Chicago: University of Chicago Press, 2017.

考核、晋升评聘和评奖评优时,侧重于考察和评价其发表在公共媒体上的成果。与其他类型教师相比,公共媒体型教师有两大不同:一是产出成果和传播渠道不同。公共媒体型教师的主要产出包括在报刊、电视、互联网上刊发或播报的具有广泛网络传播的优秀原创文章、影音、动漫等作品——国内高校通常把这类成果称为网络文化成果(即"网文"),而不是学术期刊上发表的论文或在出版社出版的学术专著等。二是面向人群和评价方式不同。公共媒体型教师主要面向社会公众创作,强调知识的民主化和社会功用,考核的重点是社会影响力(如点击量、转发数、评论数等);相比之下,其他类型教师的交流主要限于同行或学生之间,强调新的发现或理论创新,着重考核的是学术影响力(如杂志影响因子、被引次数、h 指数等)。

作为一种全新的高校教师类型,公共媒体型教师并非一时之时尚,而是有着深厚的指导思想和理论基础。其一,多元学术思想下的分类评价。1990 年,欧内斯特·博耶提出了多元学术观。他发现,美国高校长期存在重科研、轻教学与服务的现象。这导致美国高校的使命发生扭曲,教师的工作重心发生偏移,其结果是最终损害了高等教育的多样性,抑制了大学教师的多方面才能。他认为,美国高校应突破对学术内涵的狭隘理解,形成一种更全面、更有活力的理解:发现的学术、综合的学术、应用的学术和教学的学术。[①] 此后,1996 年,博耶又提出了参与的学术(the scholarship of engagement),进一步强调大学应充分利用自身的资源加深理解和解决社会面临的各种紧迫问题。[②] 在多元学术观的基础上,世界各国纷纷建立起大学教师的多元

---

① Boyer E L. Scholarship reconsidered: The priorities of professoriate[R]. New York: The Carnegie Foundation for the Advance of Teaching, 1990:16.

② Boyer E L. The scholarship of engagement[J]. Journal of Public Service and Outreach, 1996(1): 11-20.

分类评价机制。以我国为例,无论是 2018 年中共中央办公厅、国务院印发的《关于分类推进人才评价机制改革的指导意见》,还是 2020 年中共中央、国务院印发的《深化新时代教育评价改革总体方案》,都明确提出了分类评价的思想。设立公共媒体型教师正是分类评价思想的体现。

其二,网络强国思想下的提升网络文化软实力和争夺网络空间话语权。随着互联网技术的迅猛发展,不仅人类认识世界、改造世界的能力得到了极大提高,而且还创造了一种人类生活新空间——网络空间。同领土、领海、领空和太空在内的现实空间一样,虚拟的网络空间日益成为国家治理的新领域,成为大国谋求发展的新赛场。在这样的大背景下,习近平总书记提出了建设网络强国的战略思想。其中,争夺网络空间话语权是重要构成部分,是国家文化软实力的重要体现。而高校作为人才培养、知识生产与思想创新的高地,在争夺网络空间话语权、促进网络文化健康发展中具有先天的优势。激励"广大师生积极主动地在互联网上发言发声,为更好凝聚社会共识做出积极贡献"[1],某种意义上就上升为一项国家意志。2015 年,中共中央办公厅、国务院办公厅印发的《关于进一步加强和改进新形势下高校宣传思想工作的意见》就提出:"探索建立优秀网络文章在科研成果统计、职务职称评聘方面的认定机制,着力培育一批导向正确、影响力广的网络名师。"[2]

---

[1] 张安胜.推动高校优秀网络文化成果评价认证的思考[J].中国高等教育,2018(22):27-29.

[2] 中共中央办公厅,国务院办公厅.关于进一步加强和改进新形势下高校宣传思想工作的意见[EB/OL].(2015-01-19)[2021-06-21].http://www.gov.cn/xinwen/2015-01/19/content_2806397.htm.

二、为何设立公共媒体型教师

（一）"网文"的性质使得当前高校普遍推行的等效评价机制难以完全适用

当前，在把"网文"纳入学术评价体系的实践中，我国高校普遍推行等效评价机制。例如，浙江大学就根据网络文化成果的不同影响力，将其认定为权威期刊文章、一级期刊文章、核心期刊文章。但是，从实际操作来看，"网文"主要局限于省级及以上媒体刊发并产生重要影响的理论性文章。其他诸如更低层级媒体或自媒体上刊发的文章，以及诸如以影音、动漫等形式存在的优秀网络作品，将很难得到学校的认可。这显然极大地窄化了网络文化成果的内涵，限制了大学教师多方面才能的施展，进而不利于教师更好地弘扬主旋律、传播正能量。

出现这种情况，主要跟"网文"的性质紧密相关。作为一种成果（既包括原创文章，又包括影音、动漫等），它很难落入大学既有的三大范畴，而是横跨了大学科研、教学与服务三大职能。"网文"的这种特性，从根本上决定了它很难进行等效评价。例如，大学教师在《人民日报》《光明日报》等报刊上发表的理论性或评论性文章，可划归为科研，并可相对容易地进行等效评价。但是，很多情形下，例如个人在公众号、博客以及自媒体上发表的原创性文章，由于这些文章大多没有经过同行评议或官方背书，进行等效评价的难度就会大大增加。还有一种情形，一些教师不断在微博（一条微博最多只能发表 140 字）上发表个人的思想与观点，且这些观点传递了巨大正能量，那么又该如何进行等效评价？对此，哈佛大学教授戴维·温伯格（David Weinberger）就曾问道："一位通过积极参与网络和社会媒体从而深刻影响了本学科的教授，是否可以得到终身教职，哪怕他并没有在同行评议的期刊上发表足够多的论文?"①

　　作为科研的"网文"的等效评价尚且如此困难,作为教学和服务的"网文"的评价更是难上加难。例如,一个教师在抖音 B 站等社交媒体上发表的"社普"或科普视频,或者某学科的教学内容,算不算一种教学? 如果算,该如何进行等效评价? 一个教师登上中央电视台的《百家讲坛》,算不算教学? 一个教师作为应邀嘉宾,在电视上解读某种社会现象或论证某种观点,算不算一种服务? 又该如何进行评价? 再举一个例子,2020 年,某网友创作了一幅讽刺澳大利亚士兵残杀阿富汗儿童的漫画。该漫画直观形象地揭露出澳方的伪善,引起澳大利亚总理莫里森的强烈不满,但却受到中国外交部发言人华春莹、赵立坚以及众多中国网友的点赞。② 假如该漫画创作者是一位大学教师,那么又该如何对其工作进行等效评价? 显然,就其国际影响力而言,一般的学术论文是难以比拟的。

　　综上可见,基于"网文"的性质,其很难完全纳入学术评价体系,也很难按照等效评价机制来认定。事实上,国外学术界在网络文化成果的认定上也碰到不少难题,存在不少争议。有鉴于此,国外越来越多的学者倾向于把教师的公共传播行为视为一种公共参与(public engagement),且认为这种参与有别于大学传统的三大职能,完全可以构成大学的第四大且自成体系的职能。③ 同样的道理,如果我们独立设置公共媒体型教师岗,使其自成系统,就可全面综合考察教师在公共媒体上的所有付出与努力,从而避免当前等效评价机制所带来的窄化现象。

---

　　① 温伯格.知识的边界[M].胡泳,高美,译.太原:山西人民出版社,2014:序言 8.

　　② 乌元春.一幅漫画气得澳大利亚总理"要求中国道歉"[EB/OL].(2020-11-30)[2021-06-25]. https://baijiahao.baidu.com/s? id=1684784388756119051&wfr=spider&for=pc.

　　③ American Sociological Association. What counts? Evaluating public communication in tenure and promotion[R]. Washington:ASA Subcommittee on the Evaluation of Social Media and Public Communication in Sociology, 2016.

（二）教师网络文化成果的创作意愿不强，无法达成高层提出的培育网络名师的意图

为了贯彻落实全国高校思想政治工作会议精神，诸如吉林大学、浙江大学、南京大学、西北工业大学等一众高校都制定了把"网文"纳入学术评价体系的政策。然而，真正落到实处的高校并不多，也没有出现预想的越来越多的教师利用自身的专业知识，创作公众喜闻乐见、形式多样的"网文"。总体上，高校教师对"网文"的了解较为有限，创作意愿很弱，真正参与创作的仍属少数。在当前的学术评价体系和传统的学术观念下，大部分教师不太关心，也不会去创作"网文"。我们的研究还发现一个吊诡之处："网文"纳入学术评价体系一定程度上能激发教师的创作意愿，但是教师并不期望通过创作"网文"获得晋升。

为何出现这种现象？我们推断主要有两个原因：第一，传统的学术评价机制仍根深蒂固。在学术评价体系中，论文、专著才是根本，"网文"虽然得到一些高校的认可，但很难跟前者相提并论。第二，在"网文"认定上，尚没有建立一套成熟的做法。例如，关于"网文"的认定范围、认定程序、质量标准等，各高校都在摸索之中，没有达成一致意见。由于前景不明朗，且没有先例可循（有教师因创作优秀"网文"评上教授），教师自然没有转变原先的研究范式的动力。即便一小部分教师已经创作了"网文"，但他们很大程度上是基于个人的兴趣和责任心，而不是出于职称晋升的考虑。由于只是兴趣和责任，如果外在评价机制不改变，他们的兴趣与责任能持续多久是一个很大的问题。这种情况显然不利于达成政府高层的意图：培育一批导向正确、影响力广泛的网络名师。

设立公共媒体型教师，将会带来许多积极的变化：其一，设立本身就是对当前等效评价机制的升级，能进一步深化高校教师对"网文"价

值的认识，有利于打破根深蒂固的传统学术观念。其二，改变教师的心理预期，激发教师的创作热情。设立公共媒体型教师，意味着那些花费大量时间投身于公共传播的教师，其晋升途径将"有法可依"，职业发展前景更加明朗，付出与努力将得到真正意义上的认可。反过来，这又会更大地激发他们的创作热情，保证他们持续而长久地创作"网文"。此外，设立公共媒体型教师岗无疑会激励那些潜在的对创作"网文"感兴趣者。其三，国家层面提出的培育网络名师将能得到有力落实。如前所述，等效评价机制并不完全适用于评价"网文"，且不能从根本上改变教师的创作意愿。设立公共媒体型教师，将能让教师看到创作"网文"的"光明前景"，从而最大限度地起到激励的作用。总之，要培育网络名师，强有力的手段是做实分类评价，独立设置公共媒体型教师。

三、如何评价公共媒体型教师

一旦设立了公共媒体型教师，就涉及如何评价的问题。在此之前，需要明确两点：第一，同教学型或科研型教师一样，公共媒体型教师只可能是少数。实际上，不是每一个教师都有能力成为网络名师。在当今各类新媒体都在竞争注意力的时代，一个教师除了具备学术水准之外，如果没有其他才能（如出众口才、幽默风趣、影视剪辑、文字表达等），其创作的内容很难吸引公众。当然，这并不意味着高校不鼓励教师创作"网文"。高校教师在教学与科研之余创作"网文"自然是受欢迎的，其成果应纳入学术评价体系。从这个角度看，设立公共媒体型教师，并非取代或否定等效评价机制，只是适用范围不同而已。

第二，传统的学术论著对于公共媒体型教师仍然必不可少。当前，一些高校在评价教学型教师时，误认为只要其教学效果良好，受学生热捧，就可评上教授。这一点与博耶尔的思想是相违背的。他在强调对教师进行多元化评价的同时指出,无论哪一种类型的教师,都应建立其作为研究者的履历。无论他们将来是否选择某一特定领域展开持续的研究,每一个教师都必须具备追踪学术前沿、开展原创研究、探讨严肃的智力问题以及把研究结果展现给同事的能力。① 可见,高校在评价公共媒体型教师时,仍需考核其传统论著的发表情况。但需要指出的是,对公共媒体型教师科研业绩的考评,不应该设置过多过高的论文或课题指标,而应着重考察教师有没有原创的能力,有没有追踪学术前沿的能力。

(一)评价的原则

不同于其他类型的教师,在评价公共媒体型教师时,应采用"同行评议+公众评议"的原则。这是因为"网文"尽管在形式上与传统的论著不尽相同,但由于它是基于教师专业知识的再创造、再延伸,因而它本质上仍是一种学术。2008 年,想象美国发布的报告《公共学术:参与型大学的知识创造与终身制政策》可以加深我们对学术的理解。在博耶多元学术观的基础上,该报告提出了学术连续体的观念:学术的内涵不是一元的,而是多元的,类似于光谱或梯度。在学术连续体中,无论是位于一端的传统学术,还是处于另一端的公共学术(网络文化成果即是其中的一种),在学术评价中都具有平等的地位,都应遵循共同的原则。② 进一步言之,对于"网文"的评价,同样需要考察其学术性、思想性和创新性。显然,同行才能更好地对其内容与质量进行评判。

与此同时,由于"网文"的受众主要是公众,后者作为"阅听人",在

---

① Boyer E L. Scholarship reconsidered: The priorities of professoriate[R]. Berkeley: The Carnegie Foundation for the Advance of Teaching,1990:27-28.

② Ellison J, Eatman T K. Scholarship in public: Knowledge creation and tenure policy in the engaged university[R]. Davis: Imagining America, 2008:16.

对"网文"的评判上自然具有发言权。"网文"有没有深入人心,有没有给公众带来积极的效果,如引导公众正确地理解社会重大问题或热点问题,或教导公众树立健康的养生知识等,唯有公众才能给出确切的答案。

(二)评价的内容

公共媒体型教师的产出主要是"网文",因而评价的重心自然放在"网文"上。借鉴国内外相关的理论与实践经验,可以从以下四个方面来开展。

1."网文"的使命陈述

"网文"的使命陈述(mission statement)可以为学术委员会提供一个总体框架,使其更容易理解"网文"的价值与意义。使命陈述的主要内容包括:(1)"网文"的主要形式和传播平台;(2)"网文"存在的价值和对学科发展的意义;(3)"网文"的目的与目标、政治方向与价值取向;(4)"网文"针对的人群,如大学生、教师、医生等;(5)"网文"是如何与教师的职业规划保持相一致的;等等。

2."网文"的数量

评价公共媒体型教师,不应简单套用目前常用的代表作制度(如申请副教授/副研究员需要递交 2 篇代表作,申请教授/研究员需要递交 3 篇代表作)。其一,"网文"性质(前文已提及)决定了其很难套用。例如,教师在社交媒体上传播的视频或音频,就很难用代表作制度来评价,而只能在总体上进行定性。其二,"网文"的受众主要是社会公众,而非学术同行。对于大学教师而言,能有几篇重要论文传世,那是相当了不起的成就。但是,"网文"要对公众产生持久的影响力,要不断弘扬主旋律、传播正能量,仅仅依靠几篇作品是远远不够的。也正是出于这个原因,国外对"网文"的评价通常不沿用代表作制度,而是规定一定的量。

据此,我国高校在评价公共媒体型教师时,应首先在数量上进行规定,然后在整体上进行定性评价。例如,如果公共媒体型教师的主要成果是报纸专栏文章,那么可以规定:评副教授/副研究员的标准为平均每2个月至少发表1篇文章,评教授/研究员的标准为平均每个月至少发表1篇,且每篇文章平均字数不少于1000字;如果公共媒体型教师的主要成果是视频或音频,同样可以根据实际情况,针对不同职称的教师,进行频率与时长的规定。

3."网文"的质量

"网文"的质量评价不仅具有一定的主观性,而且具有相当的挑战性。结合国内外学者的观点,这里提出评价"网文"质量的三个标准:

第一,思想观点的明晰性和正确性。大学教师作为"网文"的生产者和传播者,一方面,需要确保其思想观点的明晰性。这要求教师用一种深入浅出、通俗易懂的方式传递个人的观点,不能用太多的术语、公式或数学模型来传递。另一方面,要确保思想观点的正确性。这要求教师具有较深的专业知识和较强的批判思考能力,否则会贻笑大方、误导公众,产生负面影响。例如,北京师范大学于丹教授在《百家讲坛》讲解《论语》时,就被多人指责存在一些明显的错误解读,最终她本人也走下讲坛。

第二,思想观点的学术性和深刻性。无论何种形式的"网文",都是建立在教师个人专业知识基础之上的一种再理解、再创造。这决定了"网文"不是学者自娱自乐的消遣,或者娱乐大众的"段子",而是一种严肃的、具有一定深度的创新成果。典型的如斯蒂芬·霍金的《时间简史》,作为一部面向大众、销量突破2500万册的科普畅销书,它探讨了宇宙的起源、时间和空间以及相对论等深刻的物理与哲学问题。

第三,思想观点的教育性和启发性。社会公众从教师创作的"网文"中,能有什么收获,能受到什么启发? 或者说,"网文"更广泛的社会价值是什么? 这些都是衡量"网文"质量的重要标准。

4."网文"的社会影响力

"网文"社会影响力的评价相对容易一点,客观一点。当前,常用的衡量标准包括:(1)传播平台。一般来说,传播平台的层次越高,例如《人民日报》《光明日报》等中央级报刊、电视新闻媒体,其社会影响力往往越大。当然,在网络社交媒体时代,我们不排除那些在地方性媒体或自媒体上刊发或播报并形成重大网络传播效应的作品。(2)受关注度。教师个人社交账户的关注数,网络作品的浏览数、点赞数、浏览时长、评论数、转载数(或者畅销书的发行量),用户的地理分布等,都可以用来检视"网文"的影响力。(3)被认可度。教师有没有获得官方或民间的奖励,有没有被电视台或广播电台邀请作为评论或讲解嘉宾,相关成果有没有引起政府部门或民间组织的重视或者被采纳等,都可以作为评判的重要指标。

四、如何保障公共媒体型教师

第一,政策保障。作为上级的教育部门应下发相关政策文件,指导高校根据自身实际情况设立公共媒体型教师岗位,并督查各高校工作开展情况。作为执行的主体高校应专题研究设立公共媒体型教师的价值、意义以及可能碰到的问题与挑战,并在广泛征求意见的基础上修订教师职务(职称)评聘办法,将公共媒体型教师纳入专业技术职务评审系列。随后,高校人事部门制订本校关于评价与考核公共媒体型教师的操作细节。

第二,技术保障。为了全面评价公共媒体型教师的社会影响力,高校应会同网信部门、相关公司一道,充分利用人工智能、云计算等先进技术和算法,挖掘和分析"网文"背后的大数据。在国外,就开发出一些专门的测评工具:一是替代计量学。替代计量学于 2010 年首次提出,一开始主要用于采集和捕获论文被普通公众获取与利用的情况(如在社交网站、新闻媒体上提及的次数等),后来逐渐扩展至个人、杂志、图书、资料库、演示稿、视频、源代码等。[①] 二是社交媒体指数。社交媒体指数于 2013 年正式提出,目前主要被医学教育工作者用于捕捉和分析其博客、播客在各种社交媒体与门户网站被关注的程度。[②]

第三,薪酬保障。目前,大多数高校实行"基础工资＋绩效工资"的薪酬制度。其中,基础工资普遍占比不高(大概为 30%—40%),绩效工资占了相当比重。而在绩效工资中,论文、奖项又占据了重要分量。然而,在当前的科研绩效评价制度中,相当一大部分"网文"是不算工作量的。为了保障公共媒体型教师更好地投入到"网文"的创作中,非常有必要改变当前的薪酬体系,一个合宜的办法是采用年薪制。

第四,文化保障。当前,不少高校教师对"网文"的认知度和评价度不高,对于那些创作"网文"的教师嗤之以鼻、不屑一顾,甚至一些人认为"网红教授"的兴起会毁了真正的学术。高校非常有必要大力破除这些偏见,并逐渐树立"任何成果,不管在哪发表,只要有正能量,对人有正面的促进、引领作用,都是好成果。评价应以内容为标准,不应以载体为标准"[③]的思想观念。另外,高校还要在教师群体中普及网络诚信的观念。当前,网络诚信缺失现象非常严重,一些不法分子为了获取经济利益,利用各种推广软件制造虚假流量、误导舆论方向。为

---

① 刘爱生.国外学术评价体系中的"网文":兴起、行动与挑战[J].清华大学教育研究,2018(5):90-98,115.

② Ridderikhof M,Thoma B. The social media index as an indicator of quality for emergency medicine blogs:A METRIQ study[J]. Annals of Emergency Medicine 2018(6):696-702.

③ 央广网.网络文化成果算不算科研成果? 教育部:以内容为标准[EB/OL].(2017-12-07)[2021-07-15]. https://baijiahao.baidu.com/s? id=15860937828749377998&wfr=spider&for=pc.

了更好地营造一个清朗的网络空间,高校有必要把网络诚信的理念传递到每一个教师身上,尤其是公共媒体型教师。一旦有教师违背网络诚信原则,就可在职务晋升、评优评奖中,一票否决。

第四节　小　结

为了有效地推进"网文"纳入学术评价体系,需要优化"网文"认定机制与执行过程。优化"网文"认定机制,首先,高校需要做好前提工作:阐明"网文"的内涵与价值,培育一种理解和认同"网文"的学术文化。其次,高校需要树立一些基本原则:维持论文与"网文"的适当平衡、坚持高质量标准、注意学科界限,以及恪守网络诚信。最后,高校需要抓住实施要领:明晰"网文"的类型、质量评价标准以及实施和评价主体。"网文"执行过程的优化,需要高校消除教师创作"网文"的潜在风险,提供"网文"创作能力的相关培训,加强中高层领导的信任与支持,但关键还是教师自身的自我反思与自学自为。此外,高校可以探索设立公共媒体型教师岗。公共传播型教师作为一种特殊类型的教师岗,其考察与评价主要侧重发表在公共媒体上的成果。多元学术观下的分类评价和网络强国战略下的网络空间话语权争夺是设立公共媒体型教师的指导思想与现实基础,现实原因则是"网文"的特性使得当前高校普遍推行的等效评价机制难以完全适用,教师创作"网文"的意愿不高,无法达成国家提出的培育一批网络名师的目标。

结　语

行文至此,本书基本暂告一段落,最后略微总结全文,并顺便探讨一下"网文"在学术评价体系中的未来发展趋势。

第一节　生逢其时:"网文"必将占有一席之地

一、强化思政下的"网文"

如前所述,在我国,"网文"最初是"互联网＋"与"加强和改进高校宣传思想工作"双重背景下的产物,既具有强烈的政治色彩,又带有顶层设计的味道。因而,诸如吉林大学、浙江大学等一众高校必然需要回应中央政府的政治诉求,制定具体的"网文"认定实施办法。换言之,"网文"作为一种新兴的成果,不管教师个人认同不认同,创作不创作,它都将被纳入高校学术评价体系,并将在学术评价体系中占有一席之地。

这一状况是由中国特色社会主义高校的性质所决定的。习近平总书记曾指出:"我国有独特的历史、独特的文化、独特的国情,决定了我国必须走自己的高等教育发展道路,扎实办好中国特色社会主义高校。我国高等教育发展方向要同我国发展的现实目标和未来方向紧密联系在一起,为人民服务,为中国共产党治国理政服务,为巩固和发展中国特色社会主义制度服务,为改革开放和社会主义现代化建设服务。"①基于这个论断,我们可以总结两点:一是我们必须走自己的高等教育发展道路。在我国,"网文"是以一种自上而下的方式纳入学术评价体系的。这一点,完全不同于"网文"在西方学术界的地位。在西方,"网文"的地位主要由一些学术协会和学者个人在学术界呼吁,而且当前也只有少部分高校和科研机构把其纳入教师晋升与终身教职评价体系。二是高等教育发展需要服务国家社会发展。显然,"网文"纳入学术评价体系的一个重要目的是通过鼓励高校创作"网文"这一方式,对社会舆论和价值观念进行引导,进而加强国家网络安全、掌握网络话语权。

二、多元学术评价下的"网文"

自从博耶提出一种融合多元学术观的思想之后,高校教师的评价机制就开始逐渐地发生了变化。许多以前没有受到重视的非传统型学术成果,例如表演、展览、数据库、教材、会议、研讨会、软件、讲座、专利、发明、技术、音频与视频、新闻报纸文章、计算机程序、政策分析与报告等。②受多元学术观思想的影响,我国高校设立了教师分类评价机制,如设置教学科研并重型教师、教学为主型教师、科研为主型教师、社会服务型教师等。总之,相比于 20 多年前,高校教师的评价机

---

① 共产党员网.把思想政治工作贯穿教育教学全过程[EB/OL].(2016-12-08)[2022-04-24]. https://news. 12371. cn/2016/12/08/ARTI1481194922295483. shtml? from = groupmessage&isappinstalled=0&ivk_sa=1024320u.

② Schimanski L A, Alperin J P. The evaluation of scholarship in academic promotion and tenure processes: Past, present, and future[J]. F1000Research, 2018(7): 1-20.

制发生了巨大的改观。

随着多元学术观深入人心和高校教师多元分类评价机制持续完善,以及网络社交媒体日益兴盛,任何优秀的、有积极价值的"网文"没有道理不受到高校及其教师的重视。即便国家不自上而下地推动"网文"纳入学术评价体系,也会有学者基于个人的社会责任感,呼吁把"网文"纳入学术评价体系。在新的时代,高校教师需要拥抱网络,充分借助网络,利用自己的聪明才智,也成为社会公众的期待。在多元学术观下,"网文"纳入学术评价体系可以说是对网络时代发展趋势的顺应。一个只会写论文、只会申报课题的高校教师,在我们看来,是不合格的。诚如北京大学郑也夫教授所言:"一个思想者应该有两个支点,一个是对智力生活的热爱,一个是对社会正义的关怀。"①

三、"破五唯"下的"网文"

2018 年,国家出台政策方案,要求高校在进行教师评价时,克服唯学历、唯资历、唯"帽子"、唯论文以及唯项目的不良倾向(即"破五唯"),建立以创新质量和贡献为导向的绩效评价体系。在这当中,破除"唯论文"的不良倾向是核心,因为其他几个"唯"都与"唯论文"紧密相连。2020 年 10 月,中共中央、国务院印发的《深化新时代教育评价改革总体方案》中指出:"突出质量导向,重点评价学术贡献、社会贡献以及支撑人才培养情况。"②这一系列政策与文件的精神实质是一脉相承的,即打破当下学术评价中的数字崇拜现象,强调研究的实质贡献,无论是学术贡献,还是社会贡献。

之所以要打破这种数字崇拜现象,是因为现在不少高校教师的研

---

① 严飞.学问的冒险[M].北京:中信出版社,2017:自序 6.

② 中共中央,国务院.深化新时代教育评价改革总体方案[EB/OL].(2020-10-08)[2022-05-24].http://www.gov.cn/zhengce/2020-10/13/content_5551032.htm

究已经演化成"为了论文而论文"或"为了奖励或职称而论文",而不是追求真理或者造福人类。"唯论文"必然带来"学术泡沫泛滥,学术垃圾成堆,少数优秀成果都被淹没在了平庸'成果'的汪洋之中"①。这一现象不仅存在于国内,也存在于国外。麦茨·艾尔维森把大量没有学术价值与社会意义的论文称为"学术废话"(academic nonsense),并认为多如牛毛的没有意义的学术论文,不仅直接拉低了科学研究的质量,而且制造了一种喧闹、凌乱的学术环境,淹没了真正有价值的研究。此外,大学教师在创作这些毫无意义的论文时往往花费了大量的时间与精力,而这些本来可以用以发挥其他方面的才能或提升教学质量。②

如何消除"唯论文"这个顽瘴痼疾,许多学者给出了不同的办法。例如:张应强教授提出,要处理好"破"(唯论文数量)与"立"(学术贡献)的关系,建立多元利益相关者协同治理的学术治理体制机制,以及促进知识生产由"单位利益共同体"主导转为"学术利益共同体"主导③;周茂雄指出,破"唯论文"之道在于引导高校教师树立正确的科研价值观,强化科研的创新取向,以及建立健全分类评价体系,坚持学术影响与非学术影响评价相结合;等等。④ 这些办法主要着眼于论文本身,但"网文"的出现能给人眼前一亮之感。大学教师与其花那么多精力写一些低水平的、重复的"学术废话",为何不另辟蹊径,尝试一下能产生社会影响力的"网文"创作?因为按照《深化新时代教育评价改革

---

① 朱剑.科研体制与学术评价之关系——从"学术乱象"根源问题说起[J].清华大学学报(哲学社会科学版),2015(1):5-15.

② Alvesson M. Return to Meaning: A Social Science with Something to Say[M]. New York: Oxford University Press,2017:25.

③ 张应强.人文社会科学学术评价及其治理——基于对"唯论文"及其治理的思考[J].西北工业大学学报(社会科学版),2019(4):24-34,117.

④ 周茂雄.超越"唯论文":新时代高校科研评价之忧思与展望[J].科学与管理,2021(3):26-31.

总体方案》,针对高校教师的评价不仅局限于学术贡献,而且包括社会贡献。显然,一篇产生正向社会影响力的"网文",体现了其社会价值。

总之,"网文"纳入学术评价体系,且未来必将占有一席之地,不仅是因为其内在的价值意蕴(参见第二章),而且新的时机给予了其重要职责与使命。一方面,"网文"天生带有政治的基因,是中国特色社会主义高校评价体系的一部分;另一方面,当前热火朝天的"破五唯"的教育评价改革又为"网文"纳入学术评价体系助上一臂之力。

第二节　清醒认识:"网文"无法代替论文

国家要求高校把"网文"纳入学术评价体系,目的在于不断吸引优秀人才参与网络文化建设。但是,绝不能简单地认为,有了国家力量的加持和教师评价的转向,"网文"就能取得跟论文一样的地位,普遍受到高校及其教师的重视。

原因一:大学是一个学术机构,需要遵循学术逻辑,以探索发现为己任。这意味着科学研究及其相关的论文发表才是大学的主流。这一点不会因为国家的某项政策而改变。况且,大学资源的获取、声誉的提升也主要依赖于论文的发表。此外,本书一再重申的一个观点是:"网文"是一种面向大众的创作,它是建立在科学研究(论文发表)基础之上的另一种表达。如果没有论文这个"里",就不可能有"网文"这个"表"。

原因二:大学的评价机制难以做出根本性变革。无论是破"唯论文",还是强调科研中的实际贡献,都无法撼动论文在学术评价中的地位。显然,破"唯论文",并不是抛弃论文,而是要求高校教师从盲目追求数量转向追求质量。这其实是受到原因一所提到的大学的学术逻辑制约的。换言之,"网文"虽然受到国家的高度重视,但不可能喧宾夺主,取代论文的地位。

总之,"网文"虽然将会在学术评价体系中占有一席之地,但可以肯定的是,它无法取得与论文一样的地位。对于大部分高校教师而言,"网文"纳入评价体系只是一种"锦上添花"。他们过去不会创作"网文",将来也很难愿意创作"网文"。实质上,高校也不会强制要求所有高校教师去创作"网文"。

第三节　让高校教师愿意"锦上添花"

可以说,本书所做的工作都是围绕着如何让高校教师愿意"锦上添花"而展开的。这里再强调两点:

第一,针对全体高校教师,可以继续采用等效机制,即按照一定的规则,在"网文"与论文之间进行等效换算。这也是当前高校普遍采用的办法。但是,这种办法的弊端也很多。一是论文往往强调学术影响力,"网文"强调社会影响力,二者并非一个层次上的概念,强行等效换算,令人难以信服。更何况一些影音、动漫类的"网文"如何进行等效换算,尚没有一个合适的办法。二是当前,在学术评价过程中日益推行代表作制度和同行评审制度。由于"网文"的特性,哪位教师敢冒险把个人的"网文"当作个人送审的代表作? 毕竟,迄今还是有不少高校教师对"网文"的价值缺乏足够的理解。万一送到一个鄙视"网文"的评审专家手中,那岂不是自讨苦吃? 这两方面的弊端,无疑会直接影响"网文"等效评价机制的实施。

第二,设立高校公共媒体型教师岗。目的有二:一是奖励那些已经花了大量时间和精力从事"网文"创作且产生了广泛社会影响力的教师，让其获得应有的荣誉和待遇，包括职称晋升。二是吸引一小部分愿意且具备创作能力的高校教师从事"网文"创作。毕竟，"网文"不同于论文，且"网文"创作不同于论文写作，二者之间很难直接建立等效机制。专门设立公共媒体型教师岗，才能真正实现国家所提出来的"不断形成吸引优秀人才参与网络文化建设的政策导向"，"着力培育一批导向正确、影响力广的网络名师"。

参考文献

一、中文参考文献

（一）专著

［1］贝克尔.人类行为的经济分析［M］.王业宇,陈琪,译.上海:上海三联书店，1993.

［2］比彻,特罗勒尔.学术部落及其领地——知识探索与学科文化［M］.唐跃勤,蒲茂华,陈洪捷,译.北京:北京大学出版社,2015.

［3］波斯纳.公共知识分子——衰落之研究［M］.徐昕,译.北京:中国政法大学出版社,2002.

［4］陈振明.政策科学——公共政策分析导论［M］.北京:中国人民大学出版社,2003.

［5］吉本斯,利摩日,诺沃提尼,等.知识生产的新模式［M］.陈洪捷,沈文钦,等译.北京:北京大学出版社,2011.

［6］蒙本曼.知识地方性与地方性知识［M］.北京:中国社会科学出版社,2016.

［7］温伯格.知识的边界［M］.胡泳,高美,译.太原:山西人民出版

社,2014.

[8] 许纪霖.公共性与公共知识分子[M].南京:江苏人民出版社,2003.

[9] 雅各比.最后的知识分子[M].洪洁,译.南京:江苏人民出版社,2002.

[10] 严飞.学问的冒险[M].北京:中信出版社,2017.

(二)期刊与学位论文

[1]操太圣."五唯"问题:高校教师评价的后果、根源及解困路向[J].大学教育科学,2019(1):27-32.

[2]陈明红,漆贤军,刘莹.科研社交网络使用行为的影响因素研究[J].情报理论与实践,2015(38):73-79.

[3]陈向明.教师实践性知识研究的知识论基础[J].教育学报,2009(2):47-55.

[4]成媛,赵静.生态移民区中学生学业自我效能感与学习满意度的关系:学习态度的中介作用[J].中国特殊教育,2015(7):80-85.

[5]崔晶.基层治理中的政策"适应性分析"——基于 Y 区和 H 镇的案例分析[J].公共管理学报,2022(1):52-63.

[6]崔晶.基层治理中政治的搁置与模糊执行分析——一个非正式制度的视角[J].中国行政管理,2020(1):83-91.

[7]丁煌.政策制定的科学性与政策执行的有效性[J].南京社会科学,2002(1):38-44.

[8]杜晶波.优秀网络文化成果的认定原则[J].沈阳建筑大学学报(社会科学版),2020(6):617-621.

[9]段洪涛,董欢,蒋立峰.优秀网络作品评定及其纳入教师评聘体系的应用研究[J].思想理论教育,2016(1):79-84.

[10]段文婷,江光荣.计划行为理论述评[J].心理科学进展,2008

（2）:315-320.

[11]方阳春.包容型领导风格对团队绩效的影响——基于员工自我效能感的中介作用[J].科研管理,2014(5):152-160.

[12]高智红.谁的选择?——重要他人对学生课外阅读选择的影响研究[D].上海:华东师范大学,2015.

[13]顾远东,彭纪生.创新自我效能感对员工创新行为的影响机制研究[J].科研管理,2011(9):63-73.

[14]郭静舒,姚兰.高校网络文化成果评价的发展历程及策论[J].领导科学论坛,2017(19):94-96.

[15]郭静舒,姚兰.新形势下高校网络文化成果评价标准研究[J].理论月刊,2016(12):87-92.

[16]何晓芳.新自由主义背景下的澳大利亚高等教育管理模式转型[J].清华大学教育研究,2012(6):55-60.

[17]贺书伟.高校网络文化产品评价认定:缘起、困境及实践理路[J].领导科学论坛,2021(9):155-160.

[18]黄亚婷.聘任制改革背景下我国大学教师的学术身份建构——基于两所研究性大学的个案研究[J].高等教育研究,2017(7):31-38.

[19]李德福.优秀网络文化成果在大学生思想教育中的作用发挥及路径探析[J].职业技术教育,2019(26):68-71.

[20]李光辉.《世界社会科学报告(2016)——挑战不平等:通往公平世界的途径》(概要)[J].国际科学杂志(中文版),2017(4):158-171.

[21]李怀瑞.制度何以失灵?——多重逻辑下的捐献器官分配正义研究[J].社会学研究,2020(1):170-193.

[22]刘爱生,邹紫凡.我国高校教师"网文"创作行为的差异研究

[J].浙江师范大学学报(社会科学版),2022(1):107-116.

[23]刘爱生."网文"纳入学术评价体系的理论依据、价值意蕴与实践理路[J].清华大学教育研究,2020(5):46-57.

[24]刘爱生.大学科研非学术影响评估:澳大利亚的探索与反思[J].世界高等教育,2021(1):16-29.

[25]刘爱生.国外学术评价体系中的"网文":兴起、行动与挑战[J].清华大学教育研究,2018(5):90-98,115.

[26]刘爱生.教育评价改革背景下高校传播型教师岗设立的理论逻辑与实践路径[J].湖州师范学院学报,2022(6):1-8.

[27]刘爱生.美国研究型大学治理过程的主要特征及其文化基础[J].华东师范大学学报(教育科学版),2019(2):136-143.

[28]刘爱生.为公众写作:大学教师不应忽视的社会责任[J].高教探索,2021(2):115-120.

[29]刘爱生.知识民主与高校科研变革[J].清华大学教育研究,2020(1):35-43.

[30]刘国新,王晓杰.学术评价体系的价值选择与制度创新[J].社会科学战线,2020(1):258-260.

[31]刘晖,廖勇.地方大学与政府关系探究——基于Z大学2009—2019年政策性文件的分析[J].高等教育研究,2021(1):25-32.

[32]刘加凤.基于计划行为理论的创业教育对大学生创业意愿影响分析[J].高教探索,2017(5):117-122.

[33]刘淑慧.高校网络文化作品创作生产的引导机制研究[J].思想理论教育,2019(4):76-80.

[34]刘小强,蒋喜锋.知识转型、"双一流"建设与高校科研评价改革——从近年来高校网络科研成果认定说起[J].中国高教研究,2019(6):59-64.

[35]刘艳华,华薇娜.国外高校研究人员科研产出影响因素研究述评[J].重庆高教研究,2017(2):107-114.

[36]彭璐.形成有利于政府公共政策的舆论环境研究——以人口计生政策为例[D].重庆:西南政法大学,2011.

[37]邱均平,余厚强.替代计量学的提出过程与研究进展[J].图书情报工作,2013(19):5-12.

[38]邱均平,余厚强.论推动替代计量学发展的若干基本问题[J].中国图书馆学报,2015(1):4-15.

[39]任翔.知识开放浪潮中的商业出版:2016年欧美科技图书出版评述[J].科技与出版,2017(2):4-9.

[40]尚智丛,田甲乐.科学知识民主研究的起源[J].科学技术哲学研究,2017(2):114-118.

[41]王思懿,赵文华.多重制度逻辑博弈下的美国终身教职制度变迁[J].教育发展研究,2018(1):76-84

[42]魏叶美,范国睿.教师参与学校治理意愿影响因素的实证研究——计划行为理论框架下的分析[J].华东师范大学学报(教育科学学版),2021(4):73-82.

[43]邬大光.走出"工分制"管理模式下的质量保障[J].大学教育科学,2019(2):4-7.

[44]吴康宁.个案究竟是什么——兼谈个案研究不能承受之重[J].教育研究,2020(11):4-10.

[45]武学超.大学科研非学术影响评价及其学术逻辑[J].中国高教研究,2015(11):23-28.

[46]武学超.模式3知识生产的理论阐释——内涵、情境、特质与大学向度[J].科学学研究,2014(9):1297-1305.

[47]闫岩.计划行为理论的产生、发展与评述[J].传播学研究,

2014(7):113-129.

[48]阎凤桥.学科评估的多重逻辑[J].教育发展研究,2021(1):7-9.

[49]阎光才,牛梦虎.学术活力与高校教师职业生涯发展的阶段性特征[J].高等教育研究,2014(10):29-37.

[50]阎光才.大学教师的时间焦虑与学术治理[J].教育研究,2021(8):92-103.

[51]阎光才.人类社会的想象建构与当代社会科学的困境[J].探索与争鸣,2017(1):12-17.

[52]阎光才.西方大学自治与学术自由的悖论及其当下境况[J].教育研究,2016(6):142-147.

[53]阎光才.象牙塔背后的阴影——高校教师职业压力及其对学术活力影响述评[J].高等教育研究,2018(4):49-58.

[54]阎光才.学术等级系统与锦标赛制[J].北京大学教育评论,2012(3):8-23,187.

[55]姚兰,郭静舒.新形势下高校网络文化成果评价机制研究[J].湖北社会科学,2017(1):178-182.

[56]余厚强,Bradley M. Hemminger,肖婷婷,等.新浪微博替代计量指标特征分析[J].中国图书馆学报,2016(7):20-36.

[57]余厚强,曹雪婷.替代计量数据质量评估体系构建研究[J].图书情报知识,2019(2):19-27,50.

[58]余厚强,邱均平.替代计量指标分层与聚合的理论研究[J].图书馆杂志,2014(10):13-19.

[59]郁建兴,高翔.地方发展型政府的行为逻辑及制度基础[J].中国社会科学,2012(5):95-112.

[60]袁广林.学术逻辑与社会逻辑——世界一流学科建设价值取

向探析[J].学位与研究生教育,2017(9):1-7.

[61]翟学伟.信任的本质及其文化[J].社会,2014(1):1-26.

[62]张安胜.推动高校优秀网络文化成果评价认证的思考[J].中国高等教育,2018(22):27-29.

[63]张董敏,齐振宏,李欣蕊,等.农户两型农业认知对行为相应的作用机制——基于 TPB 和多群组 SEM 的实证研究[J].资源科学,2015(7):1482-1490.

[64]张锦,郑全全.计划行为理论的发展、完善与应用[J].人类工效学,2012(1):77-81.

[65]张应强.大学教师的社会角色及责任与使命[J].清华大学教育研究,2009(1):8-16.

[66]张应强.人文社会科学学术评价及其治理——基于对"唯论文"及其治理的思考[J].西北工业大学学报(社会科学版),2019(4):24-34,117.

[67]张圆刚,余向洋,程静静,等.基于 TPB 和 TSR 模型构建的乡村旅游者行为意向研究[J].地理研究,2017(9):1725-1741.

[68]赵斌,栾虹,李新建,等.科技人员创新行为产生机理研究——基于计划行为理论[J].科学学研究,2013(31):286-297.

[69]周茂雄.超越"唯论文":新时代高校科研评价之忧思与展望[J].科学与管理,2021(3):26-31.

[70]周向红.多重逻辑下的城市专车治理困境研究[J].公共管理学报,2016(4):139-151.

[71]周雪光,艾云.多重逻辑下的制度变迁:一个分析框架[J].中国社会科学,2010(4):132-141.

[72]朱剑.科研体制与学术评价之关系——从"学术乱象"根源问题说起[J].清华大学学报(哲学社会科学版),2015(1):5-12.

（三）电子文献

[1]陈红艳.工程院院士：中国发在 SCI 上论文 85％都是垃圾[EB/OL].（2012-09-07）［2021-10-05］．https:// news. qq. com/a/20120907/000048. htm.

[2]共产党员网.把思想政治工作贯穿教育教学全过程[EB/OL].（2016-12-08）［2022-04-24］．https://news. 12371. cn/2016/12/08/ARTI1481194922295483. shtml？ from＝groupmessage&isappinstalled＝0&ivk_sa＝1024320u.

[3]光明网评论员.让"四大发明"争议回归学术[EB/OL].（2019-08-24）［2021-06-10］.https://www. sohu. com/a/336185011_120058819.

[4]吉林大学.关于印发《吉林大学网络舆情类成果认定办法（试行）的通知》[EB/OL].（2017-08-03）［2021-10-05］．http://www. mnw. cn/news/china/1841866. html.

[5]教育部.教育部关于进一步加强高等学校法治工作的意见[EB/OL].（2020-07-15）［2021-10-03］．http://www. gov. cn/zhengce/zhengceku/2020-07/28/content_5530645. htm.

[6]教育部.新时代高校教师职业行为十项准则[EB/OL].（2018-11-08）［2021-12-28］．http://news. Science net. cn/htmlnews/2018/11/420004. shtm.

[7]教育部.中共教育部党组关于印发《高校思想政治工作质量提升工程实施纲要》的通知[EB/OL].（2017-12-05）［2020-10-10］.http://www. moe. gov. cn/srcsite/A12/s7060/201712/t20171206_320698. html.

[8]教育部等八部门.关于加快构建高校思想政治工作体系的意见［EB/OL］.（2020-05-15）［2021-12-29］．http://www. gov. cn/zhengce/zhengceku/2020-05/15/content_5511831. htm.

[9]乐缇普.2018 年中国高校发表 SCI 论文综合排名报告［EB/

OL］（2018-08-12）［2019-11-24］. http：//www. letpub. com. cn/index. php？ page＝university_rank_2018.

［10］李明龙. 当代中国最需要反省的群体就是知识分子［EB/OL］.（2018-09-18）［2021-10-21］. http：//www. sohu. com/a/4462324_700664.

［11］刘瑜. 学术圈里的"精致平庸"［EB/OL］.（2017-09-24）［2021-10-07］. http：//www. sohu. com/a/194232131_176673.

［12］毛泽东. 关于领导方法的若干问题［EB/OL］.（2019-07-15）［2021-10-21］. http：//dangxiao. fudan. edu. cn/3d/7e/c7874a81278/page. htm.

［13］毛泽东. 在杭州会议上的讲话［EB/OL］.（2018-08-19）［2021-10-21］. https：//www. marxists. org/chinese/maozedong/1968/5-172. htm.

［14］人力资源社会保障部，中国社会科学院. 关于深化哲学社会科学研究人员职称制度改革的指导意见［EB/OL］.（2020-05-06）［2020-10-10］. http：//www. mohrss. gov. cn/gkml/zcfg/gfxwj/201910/t20191028 _337859. html.

［15］孙颉. 2018 年中国 SSCI 发文情况［EB/OL］.（2019-01-25）［2021-10-05］. http：//blog. sciencenet. cn/home. php？ mod＝space&uid＝2724438&do＝blog&id＝1158987.

［16］央视网评. 正确区分学术与政治 勿让教师噤若寒蝉［EB/OL］.（2019-08-24）［2022-04-21］. https：//www. acacon. cn/acainfo/acanews/cctvcommentof4inventionbyzheng. html.

［17］杨军. 中国太需要"接地气"的研究［EB/OL］.（2016-09-20）［2021-10-08］. http：//china. caixin. com/2016-09-20/100989977. html.

［18］张盖伦. 垃圾论文太多了！施一公炮轰科技评价体系［EB/

OL］.（2018-03-11）［2021-10-05］. http：//www. sohu. com/a/2253039
60_267160.

［19］郑永年. 有效知识供给不足已经严重制约了改革成效［EB/
OL］.（2016-01-27）［2021-10-21］. http：//zhengyongnian. blogchina.
com/2914419. html.

［20］中共教育部党组. 中共教育部党组关于印发《高校思想政治
工作质量提升工程实施纲要》的通知［EB/OL］.（2017-12-06）［2021-
10-05］. http：//www. moe. gov. cn/srcsite/A12/s7060/201712/t2017
1206_320698. html.

［21］中共中央,国务院. 深化新时代教育评价改革总体方案［EB/
OL］.（2020-10-08）［2022-05-24］. http：//www. gov. cn/zhengce/2020-
10/13/content_5551032. htm

［22］中共中央办公厅,国务院办公厅. 关于进一步加强和改进新形
势下高校宣传思想工作的意见［EB/OL］.（2015-01-19）［2021-06-21］.
http：//www. gov. cn/xinwen/2015-01/19/content_2806397. htm.

［23］中共中央宣传部,中共教育部党组. 关于加强和改进高校宣传
思想工作队伍建设的意见［EB/OL］.（2020-05-06）［2021-01-03］.
http：//www. jyb. cn/info/jyzck/201510/t20151013_639606. html.

（四）报纸文章

［1］陈东升. 建议对浙大新规作合法性审查［N］. 法制日报,2017-
09-21(7).

［2］黄仲山. 学术评价体系应融入公共传播空间［N］. 社会科学
报,2019-01-24(5).

［3］姜澎. 优秀学术应更好引领社会文化［N］. 文汇报,2017-09-19
(7).

［4］李凌. 千万别做"论文人"［N］. 光明日报,2021-05-11(15).

[5]林玮琳."中科院停用"背后：争议漩涡中的知网[N].广州日报,2022-04-01(12).

[6]刘爱生."网文"算不算科研成果[N].中国教育报,2017-11-23(8).

[7]孙伟平.网络诚信建设刻不容缓[N].人民日报,2019-07-12(9).

二、外文参考文献

(一)专著

[1]Alvesson M. Return to Meaning：A Social Science with Something to Say[M]. New York：Oxford University Press,2017.

[2]Bok D. Universities and the Future of America[M]. Durham：Duke University Press,1990.

[3]Kuhl J, Beckman J. Action Control：From Cognition to Behavior[M]. Berlin：Springer-Verlag,1985.

[4]Schuster J H, Finkelstein M J. The American Faculty：The Restructuring of Academic Wand Careers[M]. Baltimore：Johns Hopkins University,2006.

[5]Stein A, Daniels J. Going Public：A Guide for Social Scientists[M]. Chicago：University of Chicago Press,2017.

[6]Tandon R. Global challenges[M]//GUNi's. Knowledge, Engagement and Higher Education：Contributing to Social Change. New York：Palgrave Macmillan,2014：4.

(二)期刊与学术论文

[1]Arrahi M H, Nelson S B, Thomson L. Personal artifact

ecologies in the context of mobile knowledge workers[J]. Computers in Human Behavior, 2017(75): 469-483.

[2]Ajzen I. Perceived behavioral control, self-efficacy, locus of control, and the theory of planned behavior[J]. Journal of Applied Social Psychology, 2002(4): 665-683.

[3]Ajzen I. The theory of planned behavior[J]. Organizational Behavior and Human Decision Processes, 1991(2): 179-211.

[4]Alperin J P, Muñoz Nieves C, Schimanski L A, et al. How significant are the public dimensions of faculty work in review, promotion and tenure documents? [J]. Elife, 2019(8):1-33.

[5]Alperin J P, Schimanski L A, La M, et al. The value of data and other non-traditional scholarly outputs in academic review, promotion, and tenure in Canada and the United States[J]. Open Handbook of Linguistic Data Management, 2020(1):1-17.

[6]Alperin J P, Schimanski L, Fischman G E. Do universities reward the public dimensions of faculty work? An analysis of review, promotion, and tenure documents[J]. Elife, 2019(8): 1-33.

[7] Antonio A L. Faculty of color reconsidered: Reassessing contributions to scholarship[J]. Journal of Higher Education, 2002 (5): 582-602.

[8]Armitage C J, Conner M. Efficacy of the theory of planned behavior: A meta-analytic review [J] . British Journal of Social Psychology, 2001(40): 471-499.

[9]Bagozzi R P, Lee K H, VanLoo M F. Decisions to donate bone marrow: The role of attitudes and subjective norms across cultures[J]. Psychology and Health, 2001(1): 29-56.

[10]Barton D, McCulloch S. Negotiating tensions around new forms of academic writing[J]. Discourse, Context & Media, 2018 (24): 8-15.

[11] Beattie D S. Expanding the view of scholarship: Introduction[J]. Academic Medicine, 2000(9): 871-876.

[12]Boyer E L. The scholarship of engagement[J]. Journal of Public Service and Outreach, 1996(1): 11-20.

[13] Brownell S E, Price J V, Steinman L. Science communication to the general public: Why we need to teach undergraduate and graduate students this skill as part of their formal scientific training[J]. The Journal of Undergraduate Neuroscience Education, 2013(1): 6-10

[14]Cabrera D, Roy D, Chisolm M S. Social media scholarship and alternative metrics for academic promotion and tenure [J]. Journal of the American College of Radiology, 2018(1): 135-141.

[15]Cabrera D, Vartabedian B S, Spinner R J, et al. More than likes and tweets: Creating social media portfolios for academic promotion and tenure[J]. Journal of Graduate Medical Education, 2017(4): 421-425.

[16]Cameron C B, Nair V, Varma M, et al. Does academic blogging enhance promotion and tenure? A survey of US and Canadian Medicine and Pediatric Department Chairs [J]. JMIR Medical Education, 2016(1):1-7.

[17]Cat P, Deborah R. Sociable scholarship: The use of social media in the 21st century academy[J]. Journal of Applied Social Theory, 2016(1): 5-25.

[18]Chan T M, Stukns D, Leppink J. Social media and the 21st-century scholar: How you can harness social media to amplify your career[J]. Journal of American College of Radiology, 2017 (9): 142-148.

[19]Colson D. On the ground in Kansas: Social media, academic freedom, and the fight for higher education[J]. AAUP Journal of Academic Freedom, 2014(5):1-14.

[20]Delello J A, Mcwhorter R R, Marmion S L. The life of a professor: Stress and coping[J]. Polymath An Interdisciplinary Arts & Sciences Journal, 2015(1):39-58.

[21]Doyle J. Reconceptualising research impact: reflections on the real-world impact of research in an Australian context[J]. Higher Education Research & Development, 2018(8): 1-14.

[22]Ferker A L. Faculty under attack[J]. Humboldt Journal of Social Relations, 2017(39): 37-42.

[23]Glasgow R, Vogt T, Boles S. Evaluating the public health impact of health promotion interventions: The RE-AIM framework [J]. American Journal of Public Health,1999(9):1322-7.

[24]Glassick C E. Boyer's expanded definitions of scholarship, the standards for assessing scholarship, and the elusiveness of the scholarship of teaching[J]. Academic Medicine, 2000(9):877-880.

[25]Gruzd A, Staves K, Wilk A. Tenure and promotion in the age of online social media[J]. Proceedings of the Association for Information Science and Technology, 2011(1): 1-9.

[26]Hall B, Tandon R. Decolonization of knowledge, epistemicide, participatory research and higher education[J]. Research for All, 2017

(1):6-19.

[27] Husain A，Repanshek Z，Singh M，et al. Consensus guidelines for digital scholarship in academic promotion[J]. The Western Journal of Emergency Medicine，2020(4)：883-891.

[28]Jaeger A J，Thornton C H. Fulfilling the public-service mission in higher education：21st century challenges[J]. Phi Kappa Phi Forum，2004(4)：34-35.

[29]Kennedy R H，Gubbins P O，Luer M. Developing and sustaining a culture of scholarship [J]. American Journal of Pharmaceutical Education，2003 (3)：1-18.

[30]Knefelkamp L L. Seasons of academic life[J]. Liberal Education，1990(3)：4.

[31]Kwestel M，Milano E F. Protecting academic freedom or managing reputation? An evaluation of university social media policies [J]. Journal of Information Policy，2020(10):151-183.

[32]Mandavilli A. Trial by twitter[J]. Nature，2011(469)：286-287.

[33]McCook A. Is peer review broken? [J]. The Scientist，2006 (2):26-34.

[34]McNeil T. "Don't affect the share price"：Social media policy in higher education as reputation management[J]. Research in Learning Technology,2012(20):152-162.

[35]O'Meara K A，Eatman T，Peterson S. Advancing engaged scholarship in promotion and tenure：A roadmap and call for reform [J]. Liberal Education，2015(3) ：4-8.

[36] Pausé C，Russell D. Social media scholarship and

alternative metrics for academic promotion and tenure[J]. Journal of the American College of Radiology, 2018(1): 135-141.

[37]Phan P H, Wong P K, Wang C. Antecedents to entrepreneurship among university students in Singapore: Beliefs, attitudes and background[J]. Journal of Enterprising Culture, 2002 (2) : 151-174.

[38]Pomerantz J. The state of social media policies in higher education[J]. PLOS ONE, 2015(5):1-17.

[39] Raza A, Murad H. Knowledge democracy and the implications to information access[J]. Multicultural Education & Technology Journal, 2008(1): 37-46.

[40]Ridderikhof M, Thoma B. The social media index as an indicator of quality for emergency medicine blogs: A METRIQ study [J]. Annals of Emergency Medicine,2018(6):696-702.

[41] Salita J T. Writing for lay audiences: A challenge for scientists[J]. Medical Writing, 2015(4):183-189.

[42]Samah N A , Yaacob A , Hussain M R , et al. Exploring the perception of scholarship of teaching and learning (SoTL) among the academics of malaysian higher education institutions: Post training experiences[J]. Man in India, 2016 (1):433-446.

[43]Schimanski L A, Alperin J P. The evaluation of scholarship in academic promotion and tenure processes: Past, present, and future[J]. F1000Research, 2018(7): 1-20.

[44]Scott E L. Decolonisation, interculturality, and multiple epistemonogies: Hiwi people in Bolivarian Venezuela[D]. Stephanie Wilbiams: James Cook University, 2016.

[45]Sherbino J，Arora V M，Van Melle E，et al. Criteria for social media-based scholarship in health professions education[J]. Postgraduate Medical Journal，2015(1080)：551-555.

[46]Solberg L B. Balancing academic freedom and professionalism: A commentary on university social media policies[J]. FIU Law Review，2013(9)：74-76.

[47]Sugimoto C R. Scholarly use of social media and almetrics: A review of the literature[J]. Journal of the Association for Information Science and Technology，2017(9)：2037-2062.

[48] Tardon R，Singh W，Clover D，et al. Knowledge democracy & excellence in engagement[J]. Institute of Development Studies，2016(6):19-36.

[49]Tennant J，Waldner F，Jacques D，et al. The academic, economic and societal impacts of Open Access: an evidence-based review[J]. F1000Research，2016(5):1-47.

(三)电子文献

[1]Ajzen I. Constructing a TPB questionnaire: Conceptual and methodological considerations[EB/OL](2002-09-15)[2020-10-10]. https://citeseerx. ist. psu. edu/viewdoc/download? doi = 10. 1. 1. 601. 956&rep=rep1&type=pdf.

[2]Altbach A，de Wit. Too much academic research is being published[EB/OL]. (2018-09-07) [2021-10-06]. https://www. unive rsityworldnews. com/post. php? story=20180905095203579.

[3] American Association of University Professor. 1940 statement of principles of academic freedom and tenure[EB/OL]. (2010-10-21) [2021-09-19]. http://www. aaup. org/report/1940-

statement-principles-academicfreedom-and-tenure.

［4］American Association of University Professor. AAUP statement on the Kansas Board of Regents social media policy［EB/OL］.（2013-12-20）［2021-10-01］. https：//www. aaup. org/file/Kansas Statement. pdf.

［5］American Association of University Professor. Academic freedom and electronic communications ［EB/OL］.（2014-02-14）［2021-10-01］. https：//www. aaup. org/report/academic-freedom-and-electronic-communications-2014.

［6］Biswas A K, Kirchheer J. Prof, no one is reading you［EB/OL］.（2019-04-11）［2021-10-08］. http：//www. straitstimes. com/opinion/prof-no-one-is-reading-you.

［7］Catholic University of America. Social media policy［EB/OL］.（2018-10-29）［2021-09-20］. https：//policies. catholic. edu/marketing-communications/socialmedia. html.

［8］Charlotte P P, Johanne U K. Crisis in basic research：Scientists publish too much ［EB/OL］.（2017-02-13）［2021-10-06］. https：//sciencenordic. com/academia-basic-research-basic-research-crisis/crisis-in-basic-research-scientists-publish-too-much/1442296.

［9］Ellen W. The education Twitterati［EB/OL］.（2016-04-12）［2021-10-24］. https：//www. inside highered. com/news/2016/04/12/how-academics-use-social-media-advance-public-scholarship

［10］Fox News. Kansas professor placed on leave after tweet about Navy Yard killings［EB/OL］.（2013-09-20）［2021-09-18］. https：//www. foxnews. com/us/kansas-professor-placed-on-leave-after-tweet-about-navy-yard-killings.

[11]Glass E R，Vandegrift M. Public scholarship in practice and philosophy[EB/OL].（2019-01-06）[2020-10-10]. https：//core. ac. uk/download/pdf/162902563. pdf.

[12]Harvard University. Guidelines for using social media[EB/OL].（2014-08-20）[2021-09-22]. https：//hr. harvard. edu/staff-personnel-manual/general-employment-policies/guidelines-using-social-media♯：～：text＝Harvard％20supports％20the％20use％20of％20social％20media％20to，will％20handle％20challenges％20unique％20to％20this％20new％20medium.

[13]Jacobson A. What does a blog count for[EB/OL].（2012-04-12)[2021-10-21]. https：// feministphilosophers. wordpress. com/2012/04/14/what-does-a-blog-count-for/.

[14]Jaschik S，Grundy S. Moving forward[EB/OL].（2015-08-24）[2021-10-24]. https：//www. insidehighered. com/news/2015/08/24/saida-grundy-discusses-controversy-over-her-comments-twitter-her-career-race-and.

[15]Jaschik S. Firing a faculty blogger[EB/OL].（2015-02-05）[2021-11-03]. https：//www. insidehighered. com/news/2015/02/05/marquette-moves-fire-controversial-faculty-blogger.

[16]Khoo T. Academic promotion by media presence? [EB/OL].（2020-04-24）[2021-10-24]. https：//theresearchwhisperer. wordpress. com/2015/04/14/academic-promotion-by-media-presence/.

[17]Kristof N. Professors，we need you[EB/OL].（2020-05-25）[2021-10-24]. https：//www. nytimes. com/2014/02/16/ opinion/sunday/kristof-professors-we-need-you. html? _r＝1.

[18] Kwantlen Polytechnic University. Operational definitions：

Scholarship & research[EB/OL]. (2017-02-17)[2021-10-20]. https://www. kpu. ca/sites/default/files/Research/Defining％ 20scholarship％ 20％26％20research％2014Feb17. pdf.

[19]Lenoard D. In defense of public writing[EB/OL]. (2014-11-12) [2021-12-27]. https://chroniclevitae. com/news/797-in-defense-of-public-writing.

[20]Lewin T. Paents' financial support may not help college grades [EB/OL]. (2013-01-14) [2021-10-23]. http://www. nytimes. com/2013/01/15/education/parents-financia-supports-linked-to-college-grades. html? -r＝0.

[21]Moody G. Open access: All human knowledge is there——so why can't everybody access it? [EB/OL]. (2019-10-30)[2021-10-21]. https://arstechnica. com/science/2016/06/what-is-open-access-free-sharing-of-all-human-knowledge/.

[22]Napolitano J. Why more scientists are needed in the public square [EB/OL]. (2015-10-13) [2021-10-09]. https://theconversation. com/why-more-scientists-are-needed-in-the-public-square-46451.

[23]Padula D, Williams C. Enter alternative metrics: Indicators that capture the value of research and richness of scholarly discourse [EB/OL]. (2015-10-12) [2021-10-24]. http://blogs. lse. ac. uk/impacttof socialsciences/2015/10/12/enter-alternative-metrics/.

[24]Perry D. But does it count? [EB/OL]. (2020-05-23)[2021-10-25]. http://www. chronicle. com/article/But-Does-It-Count-/147199.

[25]Reichman H. Can I tweet that? Academic freedom and the new social media[EB/OL]. (2015-04-01) [2021-10-01]. https://academeblog. org/2015/04/01/can-i-tweet-that-academic-freedom-and-the-new-social-

media/.

[26] Rutgers University. Rutgers Public Engagement Project [EB/OL]. (2020-05-19) [2021-10-28]. https://publicengagement. rutgers. edu/pep.

[27] Schalet A. Should witing for the public count toward tenure [EB/OL]. (2016-08-19) [2021-10-10]. https://theconversation. com/should-writing-for-the-public-count-toward-tenure-63983.

[28] Schalet A. Writing opinion editorials [EB/OL]. (2020-05-17) [2021-10-25]. https://www. umass. edu/pep/pep-guide-writing-op-eds.

[29] Schuchart W. Social media policy [EB/OL]. (2011-08-01) [2021-09-18]. https://search-compliance. techtarget. com/definition/social-media-policy.

[30] Schuman R. The brave new world of academic censorship [EB/OL]. (2013-12-23) [2021-10-24]. https://slate. com/human-interest/2013/12/kansas-university-system-censorship-social-media-and-academic-freedom. html.

[31] Straumsheim C. Controversies as chilling effect [EB/OL]. (2015-10-14) [2021-10-24]. https://www. insidehighered. com/news/2015/10/14/survey-reveals-concerns-about-attacks-scholars-social-media.

[32] Sugimoto C R. "Attention is not impact" and other challenges for altmetrics [EB/OL]. (2015-06-24) [2021-10-21]. http://exchanges. wiley. com/blog/2015/06/24/attention-is-not-impact-and-other-challenges-for-altmetrics/#comment-2097762855.

[33] Tarusaria J. Beyond epistemicide: Toward multiple forms of knowledge [EB/OL]. (2018-05-22) [2021-10-20]. https://www.

counterpointknowledge. org/beyond-epistemicide-toward-multiple-forms-of-knowledge/2018-05-22.

[34] The University of Sydney. Academic promotions 2017: Guidelines for applicants [EB/OL]. (2017-08-15) [2021-10-23]. http://sydney. edu. au/provost/pdfs/Guidelines _ for _ Applicants _ 2017. pdf.

[35] The Working Group on Evaluating Public History Scholarship. Tenure, promotion, and the publicly engaged historian[EB/OL]. (2017-06-04)[2020-10-10]. https://www. historians. org/jobs-and-professional-development/statements-standards-and-guidelines-of-the-discipline/tenure-promotion-and-the-publicly-engaged-academic-historian.

[36] University of Arizona. Social media guidelines[EB/OL]. (2016-05-23) [2021-08-12]. https://policy. arizona. edu/employment-human-resources/social-media-guidelines.

[37] University of Cincinnati. Social media policy [EB/OL]. (2020-10-09)[2021-09-06]. https://www. uc. edu/about/marketing-communications/digital-social/social/social-media-policy. html.

[38] University of Connecticut. Social media policy[EB/OL]. (2018-11-29)[2021-09-06]. https://policy. uconn. edu/2015/02/12/https-policy-uconn-edu-wp-content-uploads-sites-243-2019-01-uconn-social-media-policy_rev-11-28-18-1-pdf/#.

[39] University of Copenhagen. Criteria for the hiring and promotion of permanent academic staff at department of biology[EB/OL]. (2015-08-11) [2021-10-23]. http://www2. bio. ku. dk/docs/BIO-criteria-for-positions. pdf.

[40] University of Dallas. Social media policy[EB/OL]. (2015-

01-12）［2021-08-12］. https：//udallas. edu/offices/communications/social/social-policy. php.

［41］University of Florida. Social media［EB/OL］.（2020-08-09）［2021-09-16］. https：//hr. ufl. edu/forms-policies/policies-managers/social/♯：～：text＝The％20purpose％20of％20this％20policy％20is％20to％20provide，concerning％20or％20impacting％20the％20University％20of％20Florida％20％28UF％29.

［42］University of Massachusetts Amherst. Public engagement project：Bring research to the public［EB/OL］.（2020-05-17）［2021-10-23］. https：//www. umass. edu/pep/about/who-we-are.

［43］University of Minnesota. Regents policy on faculty tenure［EB/OL］.（2016-04-17）［2022-05-06］. http：//regents. umn. edu/sites/ regents. umn. edu/files/policies/FacultyTenure1_0. pdf.

［44］University of Wisconsin-Madison. Social media［EB/OL］.（2018-11-14）［2021-09-22］. https：//universityrelations. wisc. edu/policies-and-guidelines/social-media/.

［45］Wai J，Miller D. Here's why academics should write for the public［EB/OL］.（2020-12-01）［2021-10-24］. https：//theconversation. com/heres-why-academics-should-write-for-the-public-50874.

［46］Wilson J K. The changing media and academic freedom［EB/OL］.（2016-02-12）［2021-10-01］. https：//www. aaup. org/article/changing-media-and-academic-freedom♯. Xs8oHzMQ3UM.

［47］Zook K B. Academics：Leave your ivory towers and pitch your work to the media［EB/OL］.（2020-05-23）［2021-10-24］. https：//www. theguardian. com/higher-education-network/2015/sep/23/academics-leave-your-ivory-towers-and-pitch-your-work-to-the-media.

（四）其他

[1] American Sociological Association. What counts? Evaluating public communication in tenure and promotion[R]. Washington：the ASA Subcommittee on the Evaluation of Social Media and Public Commu nication in Sociology,2016.

[2] Australian Research Council. Engagement and Impact Assessment 2018-19 National Report[R]. Canberra：Australian Research Council, 2019.

[3] Boyer E L. Scholarship reconsidered：The priorities of professoriate[R]. New York：The Carnegie Foundation for the Advance of Teaching, 1990.

[4]Ellison J, Eatman T K. Scholarship in public：Knowledge creation and tenure policy in the engaged university[R]. Davis：Imagining America, 2008.

[5]Lamberts R. The Australian Beliefs and Attitudes Towards Science Survey-2018 [R]. Canberra：The Australian National University, 2018.

附录一 高校教师"网文"创作意愿及其影响因素调查问卷

尊敬的老师：

2016 年 12 月召开的全国高校思想政治工作会议中提到，要将优秀网络文化成果（简称"网文"）纳入学术评价体系。此后，吉林大学、浙江大学制订了具体的认定实施办法，并进一步明确了优秀网络文化成果的内涵，即在报刊、电视、互联网上刊发或播报的，具有广泛网络传播效应的优秀原创文章、影音、动漫等作品（本研究中"网文"特指与专业相关者，不含个人感想、漫谈等）。

现耽误您几分钟的时间填写本问卷。问卷仅用于本研究，主要调查高校教师"网文"创作的意愿及其影响因素。本问卷采用不记名方式回答，不涉及任何商业目的，请您根据实际情况填写！感谢您的大力支持，如有问题请联系我（电话：19816994121；E-mail：1551602036@qq.com）。祝您一切顺利！

第一部分:您的基本资料

1.您的性别?

    (1)男   (2)女

2.您的年龄?

    (1)21—30 岁   (2)31—40 岁   (3)41—50 岁   (4)51—60 岁

    (5)61 岁及以上

3.您的工龄?

    (1)0—2 年   (2)3—4 年   (3)5—6 年   (4)7—8 年

    (5)8 年以上

4.您的职称?

    (1)讲师/助理研究员   (2)副教授/副研究员   (3)教授/研究

人员

5.您所在的学科领域?

    (1)自然科学   (2)农业科学   (3)医药科学   (4)工程与技术科

学   (5)人文与社会科学

6.您所在高校的层级?

    (1)世界一流建设高校   (2)世界一流学科建设高校

    (3)其他本科院校

7.请问您所在高校是否将"网文"纳入学术评价体系?

    (1)是,纳入了原创文章、影音、动漫等(包括报刊以及自媒体)

    (2)是,但仅纳入原创文章(包括报刊以及自媒体)

    (3)是,但仅纳入原创文章(仅包括报刊)

    (4)否,未纳入

第二部分:高校教师"网文"创作现状调查

1.请问您是否了解"网文"?

(1)十分了解　　(2)比较了解　　(3)一般　　(4)听说过

(5)不了解

2.近一年中,请问您创作过几篇/几部"网文"?

(1)0　　(2)1—3　　(3)4—6　　(4)7—9　　(5)10 及以上

3.如果是,请问您"网文"发表的渠道包括(可多选)

(1)国家官媒(如《人民日报》《光明日报》)等

(2)行业领域内比较有影响的媒体(如《中国教育报》《中国社会科
学报》)等

(3)省级媒体(如《浙江日报》等)

(4)市级媒体(如《上饶日报》等)

(5)自媒体(如博客、朋友圈、抖音、哔哩哔哩、公众号、QQ 空间
等)。

4.请问您"网文"创作内容一般包括以下哪个类别(可多选)?

(1)原创性文章　　(2)影音　　(3)动漫　　(4)其他

第三部分:高校教师"网文"创作意愿及其影响因素调查

以下所有部分,请您对比每一句话的描述,选择一个最符合您实
际情况的答案,并在对应的数值上打√。

序号	表中，1＝完全不符合，2＝不太符合，3＝不确定，4＝基本符合，5＝完全符合					
	一、"网文"创作态度					
	（一）外生态度					
	期望报酬					
1	我希望通过"网文"创作获得经济上的回报	1	2	3	4	5
2	我希望通过"网文"创作帮助我职称晋升	1	2	3	4	5
3	我希望通过"网文"创作提高我的学术影响力	1	2	3	4	5
4	我希望通过"网文"创作提高我的社会影响力	1	2	3	4	5
	风险评估					
5	"网文"创作潜在的校内风险（如因不当言论影响到职位晋升或遭学校解聘）会阻碍我创作"网文"	1	2	3	4	5
6	"网文"创作潜在的校外风险（如遭到社会公众的"网络暴力"），会阻碍我创作"网文"	1	2	3	4	5
7	"网文"创作可能会给学校声誉带来潜在风险，会妨碍我创作"网文"	1	2	3	4	5
	（二）内生态度					
	兴趣与责任					
8	我认为"网文"创作是出自个人的兴趣爱好	1	2	3	4	5
9	我认为"网文"创作是一种自我挑战	1	2	3	4	5
10	我认为"网文"创作可以给我带来成就感	1	2	3	4	5
11	我认为创作"网文"是在做一件有意义的事情，其意义不亚于论文写作	1	2	3	4	5
12	我认为大学教师不能只做纯学术研究，也需要为公众创作	1	2	3	4	5
13	我个人认同"网文"的社会价值	1	2	3	4	5
14	我个人认同"网文"的学术价值	1	2	3	4	5
	二、"网文"创作主观规范					
	（一）示范性规范					
	传统学术文化					
15	"网文"创作是一种不务正业、浪费时间，不是在做真正的研究、严肃的研究	1	2	3	4	5

续　表

序号	表中,1=完全不符合,2=不太符合,3=不确定,4=基本符合,5=完全符合					
	二、"网文"创作主观规范					
	(一)示范性规范					
	传统学术文化					
16	"网文"创作无法凸显个人的学术水平,甚至会降低个人在学术界的身份与地位	1	2	3	4	5
17	"网文"创作不属于大学教师的职责范围,大学教师只需做好本职工作(如教学、科研)即可	1	2	3	4	5
18	大学教师应与社会保持一定的距离或相对的独立,没有必要涉足公共领域创作"网文"	1	2	3	4	5
	(二)指令性规范					
	重要他人影响					
19	在我院系/学校中的高层管理者支持大学教师进行"网文"创作	1	2	3	4	5
20	我认同的学者支持大学教师进行"网文"创作	1	2	3	4	5
21	我的科研伙伴或同事直接或间接地建议我进行"网文"创作	1	2	3	4	5
22	我的家人直接或间接地建议我进行"网文"创作	1	2	3	4	5
	三、"网文"创作的感知行为控制					
	(一)资源可控性					
23	如果所在院系/学校会为"网文"创作提供必要的物质资源(例如拍摄影音的器材、制作动漫的软件),这会促进我创作"网文"	1	2	3	4	5
24	如果所在院系/学校会为"网文"创作提供必要的技能培训(例如影音、动漫的制作等),这会促进我创作"网文"	1	2	3	4	5
25	"网文"纳入学术评价体系会促进我创作"网文"	1	2	3	4	5
26	所在高校对"网文"创作相关政策/制度的积极执行会促进我创作"网文"	1	2	3	4	5
27	所在高校学术评价体系的核心仍然是传统学术,这会阻碍我创作"网文"	1	2	3	4	5

续　表

序号	表中，1＝完全不符合，2＝不太符合，3＝不确定，4＝基本符合，5＝完全符合					
	三、"网文"创作的感知行为控制					
	（一）资源可控性					
28	所在高校缺乏对高校教师从事网文创作的相关激励措施，这会阻碍我创作"网文"	1	2	3	4	5
	（二）自我效能感					
29	我认为我拥有足够的创作技能进行"网文"创作，如把复杂的思想、抽象的概念和严肃的科学发现转换成公众能明白的"网文"	1	2	3	4	5
30	我认为我拥有足够的知识储备进行"网文"创作	1	2	3	4	5
31	我很自信，我创作的"网文"能够影响社会公众的思想观念或行为习惯	1	2	3	4	5
32	我很自信，我创作的"网文"能够影响政府决策或政策制定	1	2	3	4	5
	四、"网文"创作意愿					
33	如果我以前没有从事"网文"创作，我今后将开始进行"网文"创作	1	2	3	4	5
34	如果我当下已经从事"网文"创作，我将继续进行"网文"创作	1	2	3	4	5
35	我愿意建议其他学者从事"网文"创作	1	2	3	4	5
36	我会把创作"网文"列入到我的工作计划中	1	2	3	4	5

附录二 访谈提纲

一、高校管理者访谈提纲

1. 贵校制订网络文化成果认定实施办法的动机是什么？主要是出于上级政府部门的指示，还是高校教师的诉求？

2. 从 2017 年起，贵校每年有多少高校教师申报网络文化成果？教师的学科背景是什么？网络文化成果的形式有哪些？

3. 贵校对于教师申报的网络文化成果，给予何种奖励？

4. 在职称评审过程中，有没有教师因创作网络文化成果而评上教授/研究员或副教授/副研究员？

5. 网络文化成果作为一种纳入学术评价体系的科研成果，其认定为什么由党委宣传部负责，而不是校或院学术委员会？

6. 网络文化成果认定实施办法制定之后，对于管理者（例如上级政府的表扬）、部门以及学校有没有带来名誉或实际的好处？

7. 在您看来，网络文化成果认定这项工作，在学校/部门各项任务中，大概占据了什么位置（分量）？

8. 在您看来，网络文化成果认定实施办法颁布之后，效果如何？有没有激起广大高校教师创作网络文化成果？

9. 在您看来，哪些因素可能阻碍高校教师创作网络文化成果？

10. 在您看来，网络文化成果在认定过程中碰到的困难与挑战是什么？

二、高校教师访谈提纲

1. 网络文化成果认定实施办法出台之前，有没有广泛征求教师的意见？

2. 对于网络文化成果认定实施办法这项政策，您是怎么看待的？对于这项政策的未来发展前景，您是怎么看待的？

3. 这项政策是否激起了教师创作网络文化成果的意愿与热情？原因是什么？

4. 在职称晋升中，有没有教师凭借网络文化成果而获得晋升？

5. 您会把网络文化成果作为个人送审的代表作吗？

6. 就您个人而言，愿意/不愿意创作"网文"，主要出于什么考虑？（已纳入学术评价体系的情况下）

7. 就您个人而言，有/没有创作过网络文化成果？创作/不创作网络文化成果是出于什么考虑？

8. 在您看来，网络文化成果认定实施过程中碰到的困难与挑战主要包括哪些？

9. 对于网络文化成果的未来发展趋势，您是怎么看待的？

后 记

2017年9月,浙江大学颁布了《优秀网络文化成果认定实施办法(试行)》,迅即在学术界引起了广泛的争议。我这个人天生对新鲜的事物充满好奇,于是乎,我加入了争辩的行列,并于2017年11月在《中国教育报》发表了第一篇有关"网文"的短文:《"网文"算不算科研成果》。相当长一段时间内,我从来没有想过要把这个主题写成一本专著。但出于个人浓厚的兴趣,我此后几年陆陆续续在学术期刊和公共媒体上发表了不少与"网文"紧密相关的理论性、评论性文章。随着相关成果的不断积累,我突然发现"网文"研究有了专著的雏形:只要稍加梳理、完善和补充,一本新鲜的著作就可"出炉"了。因而,这本专著可以说完全是无心插柳之举。

在从事"网文"研究的过程中,恰逢我国全面改革学术评价体系。从2018年教育部的"破五唯",到2020年中共中央、国务院印发《深化新时代教育评价改革总体方案》,都是为了努力扭转不科学的学术评价导向。在这样的大背景下,我发现研究"网文"不纯粹是个人的自娱自乐,而且具有强烈的现实意义。例如,如何破除"唯论文"? 如何才能凸显学者的实际贡献? 显然,推动"网文"纳入学术评价体系是一条切实可行的路径。

让我欣慰的是，身边的一些同仁受到我的影响，不再单纯地写作论文，而是兼顾为公众写作。让我惊喜的是，个别高校的宣传部门负责人居然联系上我，专门就如何有效推动"网文"纳入学术评价体系咨询我。我欣慰，我惊喜，因为我的研究成果切切实实地产生了社会影响力。要知道，中国每年发表的论文可谓成千上万，但又有多少比例的论文能够影响社会现实？

与此同时，我深知，"网文"有别于传统的科研成果，学术共同体对其的认同尚未完全建立，一种科学的、合理的认定办法尚未完全建立。因而，"网文"的认定绝非容易之事，在纳入学术评价体系的过程中，注定不会顺利。对此，我们需要保持清醒的认识。

关于本书的写作，原本计划全部由我来完成，但我的一个研究生在确定毕业选题时，想了好几个月，都找不到一个合适的选题（我一直鼓励学生根据自己的研究兴趣选题）。没有办法，我就把我原先打算研究的一块，扔给她做了。在我的指导下，她做得也有模有样，基本符合我意。于是，本书有了第二作者。本书的分工如下：第一章、第二章、第三章、第五章、第六章，刘爱生；第四章，邹紫凡。

本书的出版离不开许多感谢。首先，要感谢浙江师范大学提供的出版经费；其次，要感谢浙江师范大学教育科学研究院提供的自由研究环境，让我可以按照自己的兴趣自由发挥；再次，要感谢所有同仁的鼓励，尤其是北京大学沈文钦教授，他每次发现相关的文献资料，总是第一时间与我分享；最后，要感谢我的家人一直以来对我的支持和鼓励。学术之路不易，正是因为有了各种内在和外在的支持，我们才走得远。

刘爱生

2023 年 4 月 3 日